RENOV'LIVRES S.A.S.

2006

CAUSERIES

SUR

LA MÉCANIQUE

PAR

L. BROTHIER

PARIS

IMPRIMERIE DE DUBUISSON ET Cᵉ

Rue Coq-Héron, 5

PRÉFACE

Dans un siècle où, à chaque instant, se révèlent de nouveaux progrès dans l'ordre industriel, où, à chaque pas, on se heurte contre une nouvelle machine, il est impossible que l'étude de la mécanique ne finisse point par faire partie de l'enseignement même le plus élémentaire.

Les ouvriers de Paris, en suivant les cours du Conservatoire des arts et métiers ou ceux que font avec tant de zèle des hommes dévoués aux véritables intérêts populaires, peuvent s'initier aux secrets de cette science. Mais tous les ouvriers n'habitent point Paris et ne jouissent malheureusement pas des mêmes moyens d'instruction. Nous avons donc cru utile d'écrire pour eux un livre qui puisse, non pas remplacer la voix d'habiles professeurs, mais suppléer à leurs leçons, auxquelles un petit nombre seulement peut assister.

Ce que nous désirons, c'est qu'il n'y ait pas un ouvrier, pas un apprenti, pas un écolier qui ne puisse nous comprendre. Pour cela, nous ne ferons usage d'aucune formule comportant des X et des Y. Si quelques calculs bien simples nous paraissent indispensables, nous ferons en sorte qu'ils n'exigent d'autres connaissances que celles des quatre règles de l'arithmétique. Enfin nous n'emploierons pas un seul mot étranger au langage vulgaire sans en bien expliquer la signification.

Nous pouvions beaucoup simplifier notre travail en nous bornant à énoncer les lois de la mécanique sans les appuyer par des démonstrations; nous pouvions nous en tenir à l'exposé des faits sans les expliquer par des raisonnements; mais il nous a semblé qu'agir ainsi serait, en leur demandant de nous croire sur parole, faire une véritable insulte à nos lecteurs. Trop longtemps on a suivi cette facile méthode, trop longtemps on a dit au peuple de croire, nous pensons qu'il vaut mieux lui dire de raisonner.

Notre travail est divisé en deux parties : la première traitera des principes fondamentaux de la science: la seconde de leurs applications. Nous savons que cette dernière, où seront décrites les principales machines, excitera plus spécialement la curiosité de quelques-uns de nos lecteurs. Nous devons les prévenir que, s'ils négligent l'étude de la première, ils ne comprendront absolument rien aux choses qu'ils désirent surtout connaître.

Bien que ce soient eux que nous ayons plus spécialement en vue, ce n'est pas seulement pour les ouvriers et pour les enfants des écoles publiques que nous écrivons. C'est aussi pour les gens du monde, car il y a des ignorants ailleurs que dans les ateliers.

Les salons en fourmillent : on y rencontre bon nombre de gens qui ont une pompe dans leur jardin et qui ne savent pas comment elle sert à élever de l'eau, ou qui montent en wagon sans se douter le moins du monde pourquoi la locomotive siffle, crache ou éternue.

Comme notre ambition se borne à de simples causeries, on n'exigera pas de nous une marche bien méthodique. Nous ne dirons pas sur la belle science dont nous allons nous occuper tout ce qu'il y aurait à dire, mais seulement tout ce qu'il serait impardonnable de ne pas savoir. Nous ne promettons pas d'être très amusants, mais nous ferons nos efforts pour ne pas être trop ennuyeux.

Cela dit, sans autre préambule, entrons en matière.

PARTIE THÉORIQUE

—

PREMIÈRE CAUSERIE

LES CORPS ET LES FORCES

Il n'y a dans la nature que des êtres, que des individus capables d'agir sur eux-mêmes et aussi d'agir les uns sur les autres.

Les actions que produisent les êtres sont de plusieurs espèces : ainsi la pensée est une action, la volonté est une action, le mouvement est une action. C'est de cette dernière espèce d'actions seulement que nous aurons à nous occuper.

Je puis lever ou abaisser mon bras, je puis mettre en mouvement mes organes ; je puis aussi mettre en mouvement les vôtres en vous poussant, en vous attirant à moi, etc. Je puis aussi mettre en mouvement ceux des plantes en agitant leurs branches, en les coupant, en les façonnant, etc., et ceux de la Terre en ramassant une pierre, en la lançant, etc.

Mais l'homme n'est pas seul à pouvoir faire tout cela. Quoique avec moins d'adresse, les animaux en font autant. Les végétaux eux-mêmes produisent des mouvements : ils déploient leurs bourgeons, ils étalent leurs fleurs ; avec leurs racines, ils puisent dans la terre et mettent, par conséquent, en mouvement les sucs dont ils se nourrissent.

La Terre aussi jouit des mêmes facultés; ses organes sont continuellement en mouvement : la pluie, les vents, les tempêtes le montrent avec assez d'évidence. Les volcans et les tremblements de terre prouvent assez qu'elle n'est pas endormie ; mais elle n'agit pas seulement sur ses propres organes, elle agit aussi sur les nôtres. Elle attire tout à elle, et c'est pour cela que tout tend à tomber à terre. Elle a bien d'autres manières encore d'agir sur nous et sur tous les autres êtres en général, par l'électricité, par le magnétisme, etc.

Ce que nous disons des animaux, des végétaux et de la Terre, nous devons le dire aussi de tous les astres. Ils nous éclairent, et cela seul produit des mouvements. Voyez plutôt les plantes que vous avez sur votre fenêtre ; voyez comme elles se penchent du côté par où leur vient la lumière. Vous savez d'ailleurs que ces grands mouvements de la mer, qu'on appelle des *marées*, sont dus à l'action du soleil et de la lune. Cela suffit, il me semble, pour que vous m'accordiez que les astres aussi ne sont pas inactifs.

Quand on ne considère les êtres que comme des causes de mouvement, on les appelle des *forces*. Quand on ne les considère que comme choses susceptibles d'être mises en mouvement, dans le langage de la mécanique, on les appelle des *corps*. Ainsi les forces ne sont rien que les êtres eux-mêmes considérés comme agissant, et les corps, que ces mêmes êtres considérés comme

étant les objets d'une action. Vous et moi sommes des forces quand nous agissons, quand nous
faisons, et des corps quand nous nous laissons
faire.

Bien qu'il y ait, comme nous venons de le
voir, des forces animales, des forces végétales et
des forces sidérales ou astrales, quand on ne
considère autre chose que le mouvement qu'elles
ont produit, cette distinction devient inutile. Si
vous trouvez, en rentrant chez vous, un meuble
dérangé de la place où vous l'aviez laissé, vous
vous dites à vous-même : *quelqu'un* est entré
dans ma chambre. Votre curiosité, il est vrai,
peut aller plus loin ; vous pouvez désirer savoir
dans quel but ce meuble a été dérangé ; alors,
vous cherchez à deviner si ce *quelqu'un* était un
animal, votre chien ou votre chat, par exemple,
ou bien si c'était un enfant, si c'était un homme,
etc. ; mais tant qu'il ne s'agissait que de vous
rendre compte de la cause du dérangement,
l'idée de quelqu'un a certainement été suffisante.

Eh bien ! nous pourrions dire d'un mouvement
quelconque qui se produit qu'il a été causé par
quelqu'un ou par quelques-uns. Au lieu d'employer ces mots, nous emploierons le mot *force* ;
mais rappelez-vous que *force* ne veut dire autre
chose que l'activité de quelqu'un.

A quoi bon, me direz-vous, ce long préambule ?
il est bien clair qu'une force est toujours la
force de quelqu'un. C'est clair pour vous, parce
que vous n'avez encore pour guide que le sens
commun ; mais ce n'est pas sans raison que je
puis craindre que, lorsque vous serez devenus

plus savants, cela ne cesse d'être aussi clair.

Pour aller plus vite et faire des phrases moins longues, à chaque instant je vous parlerai des forces comme si elles existaient par elles-mêmes, comme si elles étaient quelque chose d'indépendant et de distinct des êtres. Je vous dirai : telle force fait ceci, telle force fait cela, absolument comme nous disons : tel homme parle, telle femme chante. Il y a là un véritable danger, car, peu à peu, l'esprit s'accoutume à prendre des mots pour des choses et à regarder les forces, qu'on lui représente agissant les unes sur les autres, comme autant de puissances mystérieuses, comme des espèces de génies privés de corps, et cependant pouvant mettre les corps en mouvement.

Cela peut vous paraître bizarre, et cependant cela est arrivé à des hommes du plus rare savoir. Je pourrais vous en citer qui se sont grisés de science à ce point d'arriver à croire que les forces ont créé les corps, bien plus même, que les forces ont créé les êtres, ce qui revient à dire que l'activité de quelqu'un a créé ce quelqu'un lui-même. Mais ceci nous écarterait du sujet spécial de nos causeries. Je vous en ai dit assez pour que vous vous teniez en garde contre une illusion qui serait pire que l'ignorance.

Les forces n'étant autre chose que l'activité des êtres, il est évident qu'il n'est pas plus en notre pouvoir de créer une force que de créer un être. Si nous ne pouvons créer de nouvelles forces, il nous est du moins possible d'augmenter l'énergie de quelques-unes de celles qui existent. Mais qu'on y prenne garde, ce ne sera jamais

sans dépense. Pour que j'augmente les forces de
mon cheval, il faut que je lui donne de l'avoine.
Avec rien on ne fait rien. Ceci encore vous paraît
évident, et cependant combien ne rencontre-t-
on pas de gens qui se persuadent que, sans rien
dépenser, sans rien consommer, en construisant
seulement un engrenage, ils vont créer une force
qui n'existait pas, ou augmenter la puissance
d'une force existante? C'est là une des erreurs
les plus habituelles aux personnes peu instruites
et que je ne veux que signaler ici, me réservant
de la combattre plus tard, tant au moyen du
raisonnement qu'au moyen de l'expérience.

Les forces dont nous pouvons augmenter l'é-
nergie, mais toujours au moyen d'aliments, quand
il s'agit de forces animales, se nomment *forces
musculaires ;* quand il s'agit de celles qui sont
plus spécialement propres au globe terrestre,
forces chimiques. Nous aurons à revenir plus
tard sur ces dernières.

Mais il est d'autres forces auxquelles nous ne
pouvons rien changer, que nous ne pouvons augmenter ni diminuer en aucune manière et que
nous sommes obligés de prendre telles qu'elles
sont : la pesanteur, par exemple. Il est bien évident que je ne puis pas faire qu'une balle de
plomb pèse plus qu'elle ne pèse. Si au plomb
j'ajoute de l'or, le poids deviendra plus considérable parce qu'au poids du plomb se sera ajouté
celui de l'or, mais le plomb lui-même n'en pèsera
pas davantage. Ces forces sont plus particulièrement désignées sous le nom de *forces physiques.*

Si nous ne pouvons créer de nouvelles forces,
si nous ne pouvons en augmenter, ou, comme on

le dit, en développer qu'un petit nombre, nous pouvons toutes les utiliser, les ajouter, en quelque sorte, aux nôtres en les faisant servir à notre usage. Or, l'art d'utiliser les forces est précisément ce qui constitue la *mécanique*.

Les moyens dont l'homme se sert, en se conformant aux règles de la mécanique, pour utiliser les forces ou musculaires, ou chimiques, ou physiques, se nomment des *machines*. Il y a des machines fort simples; il y en a d'autres fort compliquées, mais les unes comme les autres ne sont que des moyens d'*utiliser* des forces déjà existantes.

Ici encore, l'imperfection du langage peut conduire aux idées les plus fausses. A chaque instant, et nous-mêmes emploierons-nous souvent ces expressions, à chaque instant, on parle de la force d'une machine : on dit qu'une machine a telle force. Il ne faudrait pas prendre cela au pied de la lettre et croire qu'il y ait des forces appartenant à des machines. Les forces appartiennent toutes à quelqu'un et une machine n'est pas quelqu'un. Pour employer un langage rigoureux, on devrait dire : telle machine utilise telle partie de la force d'un homme, de la force d'un animal ou des forces physiques ou chimiques de la Terre.

On ne s'y trompe pas quand il s'agit d'une machine très simple, d'une brouette par exemple. On ne suppose pas que la force de transporter du sable ou des cailloux appartienne à la brouette. On sent bien qu'il n'y a là de forces que celles de l'homme qui la pousse, forces que la brouette permet à l'homme de mieux utiliser pour un objet spécial, qui est de transporter des matériaux. Pourquoi ne pense-t-on pas de même lorsqu'il s'agit d'une machine à vapeur? Parce que, dans ce cas, on ne voit pas du premier coup d'œil en qui la force réside. Ce n'est pas dans la machine certainement, car, tant qu'on n'allumera pas de feu sur sa grille, elle ne marchera point. Sa force motrice réside donc dans la chaleur produite par ce feu. Mais cette chaleur, qu'est-elle autre chose qu'une force appartenant à la Terre et qui se développe lorsque deux de ses éléments, l'air et le charbon, se trouvent en présence? La locomotive ne fait autre chose que d'utiliser cette force en l'employant à mettre en mouvement des vagons, et encore ne l'utilise-t-elle pas tout entière et, au reste, comme toutes les machines sans exception en laisse-t-elle une grande partie sans emploi utile. Quand donc nous parlerons de la force d'une locomotive, il doit être bien entendu que c'est de la partie utilisée de la force de la Terre ou, si on l'aime mieux, de la force de la chaleur que nous voulons parler.

DEUXIÈME CAUSERIE

SUITE DE LA DÉFINITION DES FORCES. — DE LA FORCE CENTRIFUGE. — DE LA FORCE D'INERTIE. — ABSURDITÉ DU MOUVEMENT PERPÉTUEL.

Nous avons dit que les forces étaient des causes de mouvement. Ce n'est pas dire assez, car elles sont autre chose encore. Il est dans la nature du mouvement de s'opérer toujours en ligne droite. Quand un corps en mouvement quitte la ligne droite qu'il parcourait d'abord pour en suivre une autre, ou quand il avance en traçant une courbe, ce ne peut être que par l'effet de l'action d'une nouvelle force, d'une force différente de celle qui, d'abord, l'avait mis en mouvement. Donc on ne doit pas dire seulement des forces qu'elles sont des causes de mouvement, mais aussi qu'elles sont des causes de changement dans la direction du mouvement.

Ce que nous venons de dire, que le mouvement s'opère toujours en ligne droite, ou, ce qui est la même chose, dans une direction rectiligne, à moins qu'une cause, qu'une force particulière ne vienne y faire obstacle, peut vous paraître extraordinaire, et cela d'autant plus que vous savez que la terre et que les planètes tournent autour du soleil et par conséquent avancent en décrivant une courbe à laquelle on a même donné un nom particulier, celui d'*orbite*.

Attachez une pierre au bout d'une ficelle dont vous tiendrez l'autre bout. Imprimez un mouvement, dans une direction quelconque, à cette pierre. La direction qu'elle prendra sera d'abord suivant une ligne droite. Bientôt aussi, après avoir fait tendre la ficelle, elle s'arrêtera, ou, si son mouvement est assez fort et dans un sens convenable, elle se mettra à décrire des cercles dont votre main sera le centre. Supposez que la ficelle de cette espèce de fronde vienne à casser, qu'arrivera-t-il? La pierre, aussitôt, s'échappera en reprenant son mouvement en ligne droite.

Qu'est-ce qui l'obligeait à prendre un mouvement circulaire ? Etait-ce la ficelle ? Non. La ficelle n'est pas une force. C'était votre main ; c'était vous, qui reteniez cette pierre au moyen de la ficelle, et l'empêchiez de suivre la direction rectiligne naturelle à tout mouvement. A la force primitive d'impulsion, vous en avez ajouté une nouvelle, une force d'attraction. Si vous faites cette expérience, vous sentirez que votre main est obligée d'attirer constamment à elle la pierre, qui, sans cela, s'échapperait. C'est cette attraction qui, à chaque instant, dérange le mouvement primitif. Que cette force cesse d'agir, et la pierre reprendra aussitôt son mouvement rectiligne.

On appelle généralement *force centrifuge* cette tendance qu'ont tous les corps obligés à un mouvement circulaire à recommencer, aussitôt qu'ils le peuvent, à suivre la ligne droite. Il ne faut pas, cependant, que cette expression consacrée par l'usage et dont nous nous servirons nous-même vous donne cette fausse idée que la force centrifuge soit une force spéciale, engendrée par le mouvement circulaire. Elle n'est rien autre, nous le répétons, que la force même qui a causé le mouvement et dont l'action est gênée par une autre force qui empêche ce mouvement de s'opérer en ligne droite.

La terre tourne autour du soleil absolument comme la pierre d'une fronde tourne autour de votre main. Seulement, ici, une ficelle est inutile. Elle vous était indispensable pour retenir la pierre toujours prête à s'échapper. Le soleil retient la terre par un autre moyen, par la *gra-*

citation ou *force centripète*, dont nous aurons bientôt à parler en détail. Si cette force d'attraction cessait d'agir un seul instant, la terre abandonnerait aussitôt la position qu'elle occupe pour s'élancer en ligne droite dans les champs de l'espace, en s'éloignant de plus en plus et avec une grande rapidité du soleil, ce qui, pour nous, vous le concevez, ne serait pas sans quelques inconvénients.

Elle ne prendrait pas cependant une direction quelconque, mais s'échapperait suivant la *tangente*. Je vais vous dire ce que cela signifie. Rien ne vous empêche de considérer la circonférence d'un cercle comme composée de petites lignes droites, petites, très petites, aussi petites que vous pourrez les imaginer. Ces petites lignes droites sont ce qu'on appelle des *tangentes*. Pendant un moment très petit, la pierre de notre fronde parcourait une de ces très petites lignes droites, une de ces tangentes. Si, pendant ce moment, la ficelle de la fronde vient à casser ou à être lâchée par votre main, rien n'obligeant la pierre à quitter cette petite ligne droite pour passer sur la suivante, elle continuera son mouvement dans la même direction, c'est-à-dire dans la direction qu'avait la ligne qu'elle parcourait au moment de la rupture, et c'est là ce qui s'appelle s'échapper suivant la tangente.

Vous avez sans doute remarqué qu'en hiver les roues des voitures, outre les éclaboussures dont elles les gratifient, lancent des filets de boue sur les malheureux piétons qui les suivent ou les approchent de trop près. C'est un effet de la force centrifuge. Un écuyer qui, dans un cirque, se tient debout sur un cheval au galop, ne manque jamais de se pencher vers l'intérieur du cirque. Son cheval en fait autant. Et ils ont bien raison tous les deux, car, sans cela, ils seraient bientôt jetés par la force centrifuge sur les banquettes des spectateurs. Ne m'objectez point que, dans ce cas, il n'y a ni ficelle, ni attraction comme il y en avait dans les exemples tirés des mouvements de la fronde ou de la Terre autour du Soleil. Ici, l'attraction est remplacée par la volonté du cavalier et cette volonté est une force qui empêche le cheval de courir en ligne droite. Par la position inclinée que le cavalier et que le cheval prennent, ils tendent à tomber dans l'intérieur du cirque. La force centrifuge, au contraire, tend à les lancer au dehors. Ces deux tendances opposées se détruisent l'une l'autre, et l'homme et le cheval continuent de galoper comme s'ils n'étaient sollicités ni par l'une ni par l'autre de ces deux forces.

La même raison fait que, lorsqu'un chemin de fer décrit une courbe, on donne aux rails extérieurs une hauteur plus grande qu'aux rails placés à l'intérieur de la courbe, afin de faire pencher toutes les voitures de ce dernier côté. Sans cette précaution, un déraillement serait inévitable. Ainsi, quand vous voyagez, si vous sentez le vagon dans lequel vous êtes pencher à droite, par exemple, sans regarder au dehors, vous pouvez être assuré que le convoi entier décrit une courbe et se dirige du côté de votre droite. Vous pouvez même, si le vagon penche beaucoup, annoncer à vos compagnons de voyage que la courbe parcourue par le convoi est d'un petit rayon ou, ce qui est la même chose, que le chemin de fer fait, à droite, un coude très prononcé.

Mais je m'aperçois que cette dissertation sur la force centrifuge nous a un peu écartés de notre sujet. Nous en étions, si je ne me trompe, à ce principe que les corps en mouvement, si rien ne les dérange, avancent toujours en ligne droite et que, s'ils quittent cette direction pour en prendre une autre, ce ne peut être que par l'action d'une nouvelle force. D'où cette conséquence déjà énoncée que les forces ne sont pas seulement des causes de mouvement, mais aussi des causes de modifications dans la direction du mouvement.

Les forces ont une autre propriété encore : elles sont les causes de la cessation du mouvement. Cela peut vous paraître singulier, car, jusqu'ici, vous avez cru, peut-être, que le mouvement se ralentissait, s'épuisait et s'arrêtait de lui-même, et par conséquent qu'il n'était pas besoin que quelqu'un, c'est-à-dire qu'une force vînt l'arrêter.

Quand vous faites rouler une boule par terre, vous êtes bien sûr qu'elle finira par s'arrêter sans que personne ne s'en mêle. Quelqu'un s'en est mêlé cependant. Ce quelqu'un, c'est la Terre. Les corps sont, de leur nature, très généreux. Ils ne rencontrent jamais un autre corps sans lui faire part d'une partie de leur mouvement. Si votre boule en rencontre une autre, elle ne manquera pas de la mettre en mouvement, mais aux dépens de sa propre vitesse, car elle perdra exactement autant de mouvement qu'elle en aura cédé. Or, votre boule, si elle n'en a pas rencontré une autre, a rencontré sur sa route mille, dix mille, cent mille grains de sable, un million, deux millions, cent millions de particules d'air auxquels elle a successivement communiqué une partie de son mouvement, si bien qu'elle a fini par ne plus en garder du tout. Voilà pourquoi elle s'est arrêtée; mais, sans cela, elle roulerait encore, elle roulerait toujours.

Quand un corps est en mouvement, si rien ne l'y oblige, il ne cessera jamais de se mouvoir. Voyez la terre et les autres planètes : elles tournent autour du soleil sans que leur mouvement s'arrête ou même se ralentisse, au moins d'une manière appréciable. Pourquoi ? c'est qu'elles ne rencontrent rien sur leur route ; c'est que les espaces célestes dans lesquels elles cheminent sont vides ou plutôt sont remplis de quelque fluide si peu résistant qu'on peut le considérer comme n'étant pas un corps susceptible de dérober aux autres une partie de leur mouvement. Les planètes ont résolu le fameux problème du *mouvement perpétuel*, mais voyez à quel prix : au prix de ne rien faire, à la condition de ne mettre en mouvement aucun autre corps.

Si donc nous pouvions construire une machine qui, une fois en mouvement, continuerait à marcher sans s'arrêter jamais, nous aurions complétement perdu notre temps et notre peine, car cette machine ne pourrait servir à rien. Si elle faisait quelque chose, si elle travaillait, elle mettrait quelque chose en mouvement, ne serait-ce qu'un brin de fil. Successivement elle communiquerait une partie de son mouvement aux différentes parties de ce brin de fil, et, à force d'en communiquer, elle finirait par n'en plus avoir et par conséquent par s'arrêter.

La recherche du mouvement perpétuel n'est pas absurde seulement parce qu'elle tend à un résultat inutile, mais aussi parce qu'elle a pour objet une impossibilité. Faisons beau jeu à l'inventeur de cette merveilleuse machine. Il ne suppose pas sans doute qu'elle puisse demeurer suspendue, sans toucher à rien, entre le ciel et la terre : admettons que ses parties en mouvement ne reposent sur un support que par un seul point. Ces parties mobiles seront en acier le mieux poli; ce support sera en bronze le plus dur. Le frottement sera très petit; mais il n'en existera pas moins. Or, qu'est-ce que le frottement? quel est son résultat? N'est-ce pas d'user les parties frottantes, c'est-à-dire d'en arracher peu à peu, sous forme de poussière imperceptible, de très petits fragments? Mais ces petits et invisibles fragments, puisqu'ils sont arrachés, sont mis en mouvement. Or, un corps n'en met un autre en mouvement qu'en perdant une partie du sien; donc, la fameuse machine, perdant, à chaque minute, une partie de son mouvement, finira par s'arrêter. Qu'on ne dise pas qu'on empêchera le frottement au moyen de l'interposition d'un corps gras. Si ce ne sont plus, alors, des particules d'acier ou de bronze qui seront mises en mouvement, ce sont des particules d'huile, et le résultat final sera le même. Un peu plus tard, peut-être, mais certainement il viendra un moment où la machine s'arrêtera.

Et encore n'avons-nous pas parlé de la résistance de l'air, dont quelques parties prendront toujours part au mouvement de la machine, qui, nécessairement, s'en trouvera de plus en plus ralentie. Si la recherche du mouvement perpétuel, sur laquelle il y aurait bien d'autres choses à dire, n'était qu'une absurdité, passe encore ; il y en a bien d'autres en circulation dans le monde ; mais c'est une absurdité qui malheureusement fait perdre du temps et dépenser de l'argent à de bons ouvriers qui, s'ils n'avaient pas cette chimère en tête, pourraient faire quelque chose d'utile.

Dans ce qui précède, et cela nous arrivera plus d'une fois encore, nous avons parlé du mouvement comme d'une chose qui se donne, se communique et se perd, en un mot, comme d'une chose distincte, analogue à de la monnaie, par exemple, qu'on ne peut donner sans s'appauvrir. C'était une manière de nous mieux faire comprendre ; mais, au fond, le mouvement est autre chose. Ce n'est rien de distinct des corps qui puisse passer de l'un à l'autre, comme cette plume passe de votre main dans la mienne. Le mouvement est un état particulier des corps. Ce qui les met dans cet état, c'est une force. Il n'y a qu'une autre force qui puisse le leur ôter.

Cette force, que tous les êtres que nous connaissons possèdent et qui réside dans chacune de leurs parties ou de leurs organes, cette force, qui est la principale de celles qui détruisent le mouvement, se nomme *force d'inertie*. Tout corps en repos ou animé d'un certain mouvement tend à rester en repos ou à persévérer dans le même mouvement. Il oppose une certaine résistance à tout ce qui tend à augmenter ou à diminuer son mouvement ou à en changer la direction, ou, enfin, à l'arracher à son repos. Cette résistance est une force qui, opposée à la force qui sollicite les corps, en détruit une partie.

Pour mettre en mouvement un vagon, même sur des rails bien unis, voyez combien il faut de force et combien il en faut peu, ensuite, pour entretenir son mouvement. C'est qu'à votre force s'opposait d'abord la force d'inertie du vagon, force qui était considérable parce qu'elle est proportionnelle au poids de la chose remuée, et qu'ensuite vous n'avez plus eu à vaincre que la force d'inertie de l'air, des grains de sable, etc., que, successivement, en les rencontrant sur sa route, le vagon met en mouvement, force qui est beaucoup moindre parce que ces corps sont très légers. C'est par la même raison que les chevaux attelés à une charrette, quand elle est arrêtée, prennent beaucoup de peine pour la mettre en mouvement et la traînent ensuite sans une trop grande fatigue.

La mécanique a tiré, dans la construction de certaines machines, un très utile parti de la force d'inertie par l'invention des *volants*. On appelle de ce nom une roue dont les bras sont très légers et dont les jantes, ordinairement en fonte, sont, au contraire, très lourdes. Quelquefois, au lieu de ces jantes, on donne pour circonférence au volant une simple bande de fer assez légère qu'on charge, de distance en distance, de lentilles de plomb.

Il y a des machines qui ne travaillent pas constamment ou, comme on le dit, qui, souvent,

doivent marcher à vide. Les cylindres ou laminoirs entre lesquels on comprime le fer pour le
réduire en barres en sont un exemple. Quand la
machine ne travaille pas, quand elle n'a pas de
fer à laminer, la force qui la fait mouvoir est,
en grande partie, employée à faire tourner avec
une grande vitesse l'énorme volant qui se trouve
sur l'axe même des cylindres et qui pèse jusqu'à
vingt mille kilogrammes et fait jusqu'à cent tours
par minute. Lorsqu'on présente ensuite aux cylindres le fer sortant des fours, comme sa résistance à la compression est très grande, elle
pourrait bien arrêter net la machine, mais, pour
cela, elle devrait arrêter aussi le volant, et on
comprend combien il faudrait de force pour arrêter une masse si lourde, animée d'une si grande
vitesse et dont la force d'inertie, par conséquent,
est énorme. Les cylindres continueront donc de
tourner, et le fer, que la force seule de la machine n'aurait pas suffi à laminer, se trouve con-
verti en barres, grâce au secours du volant
qu'avec raison on considère comme un réservoir
de forces.

Non-seulement les volants restituent en partie
aux machines les forces qu'elles dépensent inutilement quand elles marchent sans travailler,
mais encore ils servent, dans certain cas, à régulariser l'action de la force elle-même. Lorsqu'un ouvrier, par exemple, fait tourner une roue
au moyen d'une manivelle, son action est moindre
quand la manivelle est à la hauteur de sa poi-
trine que lorsqu'elle est en haut ou en bas du
cercle qu'elle décrit. Le mouvement de la machine que cette roue conduit serait irrégulier,

si un volant n'était pas là pour y mettre ordre. En effet, quand la main de l'homme qui tourne la roue se ralentit, la machine elle-même tend à se ralentir, mais elle ne le peut qu'à la condition de ralentir la marche du volant dont l'inertie s'oppose à ce ralentissement, de sorte que la machine continue à marcher avec la même vitesse.

Cette petite digression nous a un peu fait perdre de vue notre sujet. Revenons-y bien vite. Nous sommes arrivés à parler de l'inertie pour expliquer comment il se faisait que, malgré la tendance qu'ont les corps à persévérer dans leur état de mouvement ou de repos, une boule roulant sur la terre est ralentie à chaque instant par l'inertie des obstacles qu'elle rencontre sur sa route et qui finit par l'arrêter. La force d'inertie cependant n'est pas la seule qui ralentisse ou détruise le mouvement. Il est détruit également ou ralenti, lorsque deux ou plusieurs forces quelconques tendent à lui donner, les unes une certaine direction, les autres une direction différente. Mais c'est là un sujet sur lequel nous aurons à revenir. Pour le moment, bornons-nous à compléter notre définition des forces en disant que les forces sont, à la fois, des causes du mouvement et des causes de modifications ou de cessation du mouvement.

TROISIÈME CAUSERIE

L'ÉLASTICITÉ. — COMPOSITION DES FORCES.

Des forces égales et de directions opposées s'entre-détruisent. Cela est évident. Il est bien clair que si deux chevaux de force égale tirent une charrette, l'un pour la faire avancer, l'autre pour la faire reculer, elle n'avancera ni ne reculera.

Il semble qu'il doive en être de même dans tous les cas possibles, et cependant, si deux billes de billard lancées avec une égale force dans une direction contraire venaient à se heurter, nous ne voyons pas qu'elles deviennent tout à coup immobiles, mais seulement que leur mouvement change de direction, et qu'après le choc elles reviennent chacune en arrière. Les deux forces qui les animaient se trouvant détruites, comment se fait-il qu'elles conservent encore du mouvement ?

Remarquons d'abord que, si ces billes étaient d'argile ou de cire molle, elles s'arrêteraient net en se rencontrant. Si elles se séparent et reculent, c'est qu'elles sont d'ivoire et que l'ivoire est élastique. Qu'est-ce donc que *l'élasticité ?* L'élasticité est la propriété que possèdent certains corps de reprendre leur forme primitive lorsqu'ils ont été déformés par une cause quelconque, et de repousser tout ce qui chercherait à les empêcher de la reprendre. Courbez un bâton, et aussitôt que vous le lâcherez, en vertu de son élasticité, il reprendra la forme droite qu'il avait précédemment. Le bois, l'ivoire, presque tous les métaux, beaucoup de pierres et les corps durs en général, sont élastiques. L'eau ne l'est pas ou l'est fort peu. En revanche, la vapeur, l'air et les autres gaz le sont au plus haut degré.

Revenons à nos billes. Dans leur choc, elles se sont déformées l'une l'autre; elles se sont aplaties. En vertu de leur élasticité, elles reprendront aussitôt leur forme première. Les points de contact, les points aplatis se renfleront comme ils étaient avant le choc, et par conséquent se repousseront. Les billes s'éloigneront l'une de l'autre, non pas en vertu de la première force d'impulsion, qui a cessé d'exister, mais par un effet de leur puissance élastique. Cet aplatissement momentané dont nous parlons n'est pas visible quand il s'agit de billes d'ivoire, mais devient évident si on les remplace par des balles de caoutchouc.

Pour que ce résultat de l'élasticité se produise, il n'est pas nécessaire que les deux billes soient en mouvement. Le même effet aura lieu si l'une d'elles est en repos, mais à la condition que le choc soit assez violent pour opérer une déformation. Dans le cas contraire, la bille en mouvement ne reculera pas; elle continuera à avancer, mais plus lentement, parce qu'elle aura cédé une partie de son mouvement à l'autre bille, qui se mettra à rouler, à son tour, avec une vitesse presque égale, de manière que les deux billes chemineront presque de compagnie. Ce sont là de ces choses que connaissent parfaitement tous les joueurs de billard.

Nous avons dit que deux forces de directions contraires, si elles sont égales, se détruisent mutuellement, nous ajoutons que si elles sont inégales la plus faible seule sera détruite et que la plus forte sera affaiblie d'une quantité égale à celle qu'elle aura pu ainsi détruire. Mais qu'arrivera-t-il si les directions des deux forces agissant sur le même corps, sans être absolument opposées, font entre elles un angle plus ou moins ouvert?

Pour nous en rendre compte, supposons deux chevaux attelés, chacun par une corde, à un chariot chargé de trois blocs de pierre. Tant qu'ils marcheront côte à côte, ils traîneront ces trois blocs ; s'ils s'écartent un peu l'un de l'autre, ils ne pourront plus en traîner que deux ; s'ils s'écartent encore, un seulement ; si, à force de s'écarter ils finissent par tirer en sens contraire, ils ne traîneront plus rien du tout. La réunion, la somme de leurs forces utilisées, soit quand ils traînaient les trois blocs soit quand ils n'en traînaient que deux ou même qu'un seul, porte le nom de *résultante*, et la force de chacun d'eux celui de *composante*.

La force de ces chevaux a-t-elle diminué par le fait seul qu'ils se sont écartés l'un de l'autre ? Évidemment non. Seulement une partie des forces d'un cheval ayant servi à détruire une partie de celles de son camarade, il en résulte qu'une partie seulement de leurs forces a été utilement employée.

Nous pouvons donc établir ceci, que le résultat obtenu par plusieurs forces agissant sur le même corps ira en diminuant d'autant plus que les directions de ces forces feront entre elles un plus grand angle. Si donc il y a vingt cordes attachées à une grosse cloche, et que vingt personnes, pour faire sonner cette cloche, tirent chacune sur une de ces cordes, en se tenant bien rapprochées les unes des autres, elles en viendront facilement à bout. Si elles s'écartent, elles auront plus de peine. Si elles s'écartent encore, elles ne pourront plus mettre la cloche en mouvement.

Quelle direction suivra le chariot traîné par nos deux chevaux écartés l'un de l'autre ? S'ils sont de force égale, cette direction sera suivant une ligne droite partageant en deux parties égales l'angle formé par les deux cordes. Si leurs forces sont inégales, cette direction sera suivant une droite partageant ce même angle en deux angles inégaux, le plus petit étant toujours du côté du cheval le plus fort et la différence entre les deux angles étant toujours en un certain rapport avec la différence existante entre la force des deux chevaux. Cette direction que prendra le corps mis en mouvement porte le nom de *direction de la résultante*, cette résultante, dans ce cas, n'étant d'ailleurs, comme nous l'avons dit, qu'une force imaginaire qu'on suppose remplacer la partie utilisée des forces des deux chevaux.

Ce qui précède peut vous paraître difficile à comprendre. Quelques exemples le rendront plus intelligible. Il vous est arrivé quelquefois, sans doute, de voir un homme tirer un bateau avec une corde pour lui faire remonter une rivière. Comment se fait-il que le bateau qui est sans cesse attiré vers la rive par l'homme qui marche sur le chemin de halage, ne quitte cependant pas le milieu du courant? C'est, répondrez-vous, parce que, à bord du bateau, se trouve un autre homme qui en manœuvre le gouvernail. Cela est très vrai, mais voyons un peu comment les choses se passent.

Remarquons d'abord que, le bateau ayant une forme régulière et symétrique, le courant agit également sur sa droite et sur sa gauche et par conséquent est sans influence sur sa direction. S'il n'était pas retenu par la corde, le courant le ferait reculer, mais ne pourrait le faire tourner ni d'un côté ni de l'autre. Cette forme symétrique, on la lui fait perdre en lui donnant plus de surface du côté vers lequel est tourné le gouvernail. Je n'ai pas besoin de vous dire qu'un gouvernail se compose d'une planche posée sur des gonds à l'arrière du bateau et maintenue, au moyen d'une *barre*, dans une position oblique relativement à l'axe ou, ce qui est la même chose, relativement à la direction du bateau, qu'en un mot, un gouvernail est une copie de la queue du poisson, que le poisson tourne à droite ou à gauche, comme il lui plaît.

Supposons le gouvernail de notre bateau tourné vers la rive opposée à celle où se tient l'homme qui tire la corde. La résistance qu'oppose l'eau en rencontrant le gouvernail retarde la marche du bateau de ce côté-là seulement. Qu'en résulte-t-il? Qu'arriverait-il si vous marchiez votre bras droit horizontalement étendu et si ce bras rencontrait un obstacle, une colonne de reverbère, par exemple? Il arriverait que vous tourneriez

sur vous-même vers la droite Ainsi fait le bateau. Il tend à tourner vers la rive opposée à
celle où se tient l'homme à la corde. Mais comme,
en même temps, cette corde l'attire vers l'autre
rive, il se trouve sollicité, à la fois, par deux
forces obliques faisant un angle entre elles. Quelle
direction prendra t-il? celle de leur résultante,
c'est-à-dire celle d'une droite partageant cet
angle en deux parties et se dirigeant dans le
sens du milieu de la rivière. Comme le courant
a une force variable et comme l'homme lui-
même ne tire pas toujours la corde avec autant
de force, on comprend que, si la position du
gouvernail ne variait pas, on ne suivrait pas
longtemps la direction voulue. Il faut donc qu'il
y ait toujours quelqu'un à la barre, qui rende la
résistance que le gouvernail oppose à l'action
de l'eau plus grande ou plus petite en lui faisant faire un angle plus ou moins grand avec
l'axe du bateau, suivant que celui-ci tend à s'éloigner ou à se rapprocher du rivage

Quand le vent souffle du Nord, il semble, au
premier aperçu, qu'il soit impossible à un navire à voile de se diriger vers le Nord, c'est-à-
dire de marcher contre le vent Et cependant
cela n'arrête pas les marins. Ils orientent leurs
voiles et tournent leur gouvernail de manière à
opposer au vent une nouvelle force, et en avançant suivant la direction de la résultante de cette
nouvelle force et de la force du vent, en allant
tantôt à droite, tantôt à gauche, ce qu'on appelle
courir des bordées, ils se rapprochent du port, non
pas très vite il est vrai, mais assez vite cependant
pour sauver le navire d'une perte certaine. C'est

à leurs connaissances en mécanique qu'ils doivent leur salut.

Si, étant dans un vagon en pleine marche, vous jetez un sou par la portière, ce sou, ne tombera pas à terre verticalement comme si vous l'aviez jeté dans la rue du haut de votre fenêtre. Il conservera pendant quelques instants le mouvement horizontal du vagon. De plus, il prendra le mouvement vertical dû à sa pesanteur. Pour obéir, à la fois, à ces deux mouvements, il suivra la direction de la résultante des deux forces qui les engendrent, direction qui est une oblique se dirigeant dans le sens de la marche du convoi.

La même chose vous arrive à vous-même quand vous descendez d'une voiture en mouvement. Cette résultante de deux forces de directions différentes tend à vous faire tomber du côté vers lequel se dirige la voiture. Vous n'avez qu'un moyen d'éviter une chute quelquefois très dangereuse, c'est de faire tous vos efforts pour tomber du côté opposé. Vous n'y parviendrez pas, et, ainsi, vous ne tomberez ni d'un côté ni de l'autre. Pour cela, en sautant, vous devez tourner le dos au point vers lequel se dirige la voiture et vous pencher fortement en avant, comme si vous vouliez vous jeter à terre de manière à tomber sur votre figure. L'effort de la résultante, alors, au lieu de vous renverser, ne fera que vous redresser et vous vous trouverez, aussitôt que vous aurez touché le sol, dans une position normale.

C'est ce que font machinalement toutes les personnes qui descendent d'omnibus sans faire arrêter ce véhicule. Celles qui auront lu ce qui précède ne le feront plus machinalement, et c'est quelque chose que d'arriver à ce résultat que les hommes n'agissent plus comme les animaux qui n'ont pour guide que l'instinct. L'instinct ne trompe que bien rarement, cela est vrai, mais il n'invente, il ne découvre rien. Eclairons-le donc par la science, afin d'arriver à faire quelque chose de plus que ce que font les brutes.

QUATRIÈME CAUSERIE

RÉSULTANTE DES FORCES PARALLÈLES. — LE CENTRE DE GRAVITÉ.

Jusqu'ici, nous ne nous sommes occupés que de la résultante de forces de directions divergentes, c'est-à-dire formant un angle entre elles. Disons à présent quelque chose des forces agissant dans des directions parallèles et de même sens, non plus sur un point, mais sur une même droite.

Nous prévenons le lecteur que nous allons essayer une petite démonstration du principe que nous aurons à énoncer. Ce sera assez difficile sans le secours de figures. Nous ferons en sorte néanmoins d'être aussi clair que possible. Les esprits paresseux n'aiment pas les démonstrations qui, pour être comprises, exigent toujours quelques efforts d'attention. Ils préfèrent, nous l'avons dit en commençant, croire sur parole ce qu'on leur enseigne. C'est là une détestable tendance, qui, outre qu'elle s'oppose à tout progrès, dispose l'intelligence à accepter comme vraies les plus grossières erreurs. La nature tout élémentaire de ce petit volume ne nous permet malheureusement pas de démontrer par des raisonnements tout ce que nous disons, mais toutes les fois que la possibilité de le faire se présentera, nous ne manquerons pas d'en profiter.

Supposons donc deux barres de fer rondes et de même diamètre : l'une, de vingt centimètres, pesant un kilogramme ; l'autre, d'un mètre de longueur et pesant par conséquent cinq kilogrammes. L'expérience prouve que, si je suspends chacune de ces deux barres par un fil attaché à leur milieu, elles se tiendront en équilibre, c'est-à-dire resteront parfaitement horizontales. Ma main droite, qui tiendra le fil auquel est suspendue la barre d'un mètre de longueur, déploiera une force cinq fois plus grande que celle déployée par ma main gauche, qui ne supporte que la barre de vingt centimètres. Ces deux forces sont évidemment parallèles et de même sens. Rapprochons ces deux barres bout à bout, et, par la pensée, collons-les ensemble pour n'en faire qu'une seule barre de un mètre vingt centimètres de longueur. Comme rien n'aura été changé pour ce rapprochement, en continuant à tenir un fil d'une main et un fil de l'autre, la nouvelle barre demeurera en équilibre.

Mais cela me fatigue d'employer ainsi mes deux mains. Je voudrais, sans rien déranger, n'en employer qu'une, c'est-à-dire substituer à deux forces une force unique, qui sera, par conséquent, leur résultante. Pour cela, je suspendrai ma barre par un nouveau fil attaché à son milieu, ce qui laissera subsister l'équilibre. Mais le milieu de la barre de un mètre vingt centimètres se trouve à cinquante centimètres du point où était attaché le fil qui soulevait le morceau d'un kilogramme et à dix centimètres, c'est-à-dire cinq fois plus près de l'endroit où était attaché le fil qui soutenait le morceau de cinq kilogrammes. Donc, on peut toujours remplacer deux forces parallèles et de même sens agissant sur une ligne droite par une troisième force de même sens qui leur soit parallèle et dont le point d'application soit d'autant plus près de celui de la plus grande force qu'elle est plus grande, et d'autant plus éloigné de celui de la plus petite qu'elle est plus petite. C'est ce qu'on exprime en disant que *les distances de la résultante aux composantes sont en raison inverse de la grandeur de ces composantes.*

Ajoutons encore que la résultante doit être une force égale à la somme des forces composantes, ce qui n'a jamais lieu lorsqu'il ne s'agit pas de forces parallèles. En effet, lorsque je n'emploie plus qu'un fil et qu'une seule main pour soutenir la barre formée par la réunion des deux morceaux primitifs, il est clair que cette main supporte le poids de ces deux morceaux, c'est-à-dire travaille à elle seule autant que mes deux mains travaillaient ensemble.

Il est presque inutile de dire que, lorsque les deux forces parallèles qui agissent sur une droite

sont égales, le point d'application de leur résultante se trouve au milieu même de cette droite.
C'est une conséquence de ce qui précède, et
d'ailleurs l'expérience montre assez que, si une
barre de bois ou de métal est suspendue dans une
position horizontale par deux fils attachés à ses
extrémités et supportant par conséquent des
poids égaux, rien ne sera changé si on remplace
ces deux fils par un fil unique attaché au milieu
de la barre.

Ces considérations sur la position qu'occupe la
résultante de deux forces parallèles reçoivent
en mécanique de nombreuses et importantes
applications. Nous ne nous arrêterons qu'à l'une
d'entre elles, à la détermination du *centre de
gravité*, parce qu'il est impossible de se rendre
compte des moindres détails de la construction
des machines sans en avoir au moins une légère
idée.

Tous les corps sont pesants, c'est-à-dire sont
sollicités par une force qui les attire vers le
centre de la terre. Nous reviendrons tout à l'heure
sur cette définition de la pesanteur. Considérons
un corps d'une forme quelconque. Toutes les
particules dont il se compose sont pesantes et
peuvent être regardées comme autant de points
d'application de petites forces les attirant vers la
terre. Quoique toutes ces petites forces soient
dirigées vers le centre du globe terrestre, ce
centre est si loin, l'angle qu'elles font entre elles
est si petit, qu'on doit les considérer comme
parallèles.

Rien ne nous empêche d'imaginer une ligne
droite allant d'une de ces particules à l'autre, et

qui sera par conséquent sollicitée par deux forces parallèles et de même sens, que nous remplacerons idéalement par leur résultante. Le point d'application de cette résultante lui-même, rien ne nous empêche de le supposer lié par une nouvelle droite à une troisième particule. La pesanteur de cette particule et la résultante que nous venons de trouver seront deux forces parallèles agissant sur cette droite et pourront être remplacées, à leur tour, par leur résultante. En continuant de la même manière à remplacer toujours deux forces par une seule, nous arriverons à substituer à toutes les petites forces agissant sur chacune des particules du corps dont il s'agit une force unique, une résultante finale, égale en puissance à toutes ces petites forces réunies. Le point d'application de cette résultante est ce qu'on nomme le *centre de gravité* de ce corps. En d'autres termes, le centre de gravité d'un corps est celui où l'on peut imaginer que se concentre toute sa *gravité*, toute sa *pesanteur*, car ces deux mots signifient la même chose.

Quelle que soit la position que prenne un corps, la position de son centre de gravité ne change point, car, pour la déterminer, nous n'avons pas eu égard à la position qu'avait le corps dont nous nous occupions. Les petites forces, d'ailleurs, qui sont comme les éléments de la pesanteur de ce corps, restant toujours parallèles, puisque toujours elles tendent à l'attirer à terre, cela suffit pour que le point d'application de leur résultante conserve la même position, ce qui nous permet de répéter que, tant que la forme et que la composition d'un corps ne changent pas, la position de son centre de gravité demeure invariable.

Mais comment déterminer en pratique la position de ce point? Ce ne peut être évidemment en faisant les opérations tout imaginaires dont nous venons de parler. En y réfléchissant bien, nous trouverons peut-être un moyen plus simple.

Prenons un corps quelconque et supposons, comme cela a presque toujours lieu, que son centre de gravité se trouve dans son intérieur et que la position en soit connue. Supposons qu'une verticale, c'est-à-dire une droite passant par le centre de la terre, pénètre dans l'intérieur de ce corps, passe par son centre de gravité et vienne sortir à sa partie supérieure, absolument comme lorsqu'avec une longue aiguille on traverse de part en part une orange. Si, au point où cette droite idéale sortirait de ce corps, on attache, pour l'y suspendre, un fil ou une chaîne, il est clair qu'il restera suspendu dans la position où il se trouvera, sans faire le moindre mouvement, car il n'y a point de mouvement sans une force qui le détermine, et toutes les forces qui sollicitaient ce corps ayant été remplacées par leur résultante et cette force unique se trouvant détruite par la résistance que lui oppose le fil auquel le corps est suspendu, résistance qui est une force verticale comme la résultante, mais de sens opposé au sien et agissant sur le même point qu'elle, à savoir sur le centre de gravité, on doit considérer ce corps comme n'étant sollicité par aucune force.

Posons donc ce principe, que tout corps suspendu par son centre de gravité ou, ce qui est la même chose, s'appuyant sur son centre de gravité, demeure en équilibre, c'est-à-dire garde la position dans laquelle il se trouve sans faire le moindre mouvement.

Cela posé. opérons, non plus avec la pensée seulement, mais avec les yeux et les mains. Il s'agit de déterminer la position du centre de gravité de ce morceau de bois que j'ai là, sur ma table. Je plante un petit clou à un point quelconque de sa surface. A ce clou j'attache un fil au moyen duquel je soulève mon morceau de bois. Il fera probablement une culbute, il penchera à droite et à gauche, jusqu'à ce qu'enfin il prenne une position dans laquelle il demeurera immobile. Cela prouvera que la résistance du fil détruit, alors, l'action de toutes les forces qui agissaient sur ce corps, ou, ce qui revient au même, détruit l'action de leur résultante, chose que le fil ne peut faire qu'autant que sa direction est le prolongement de la direction de cette résultante, laquelle, nous le savons, est toujours une verticale. Donc, si à commencer du point où est planté le clou, avec une vrille très fine, je fais. dans mon morceau de bois, un trou qui le traverse de part en part, et qui soit bien dans la direction indiquée par le fil, ce trou sera dans la direction de la résultante, et je serai certain que le centre de gravité, qui est le point d'application de cette résultante, se trouvera en un endroit quelconque dans l'intérieur de ce trou. A quel endroit? Je n'en sais rien encore, mais je vais bientôt le savoir.

Recommençons ce que nous venons de faire, en ayant soin de planter un clou, pour y attacher un fil, à un autre point de la surface du morceau de bois. Le nouveau trou que je ferai dans la direction indiquée par ce second fil, passera aussi par le centre de gravité qui, puisqu'il se trouve, à la fois, sur les deux lignes qui suivent les deux trous successivement pratiqués, ne pourra être qu'au point où elles se croisent. Ce point me donnera donc la position exacte du centre de gravité.

Cette méthode, j'en conviens, est grossière. On ne peut pas toujours, d'ailleurs, percer de trous les corps dont on a à déterminer le centre de gravité. Mais l'esprit peut suppléer à la vrille et en examinant avec soin la direction que suivraient dans l'intérieur des corps dont il s'agit, s'ils étaient prolongés, les deux fils auxquels on les suspendrait successivement, on arrive à se rendre compte du point où ils se croiseraient, et à connaître par conséquent, avec une approximation suffisante, la position de son centre de gravité.

S'il s'agit d'un corps d'un assez gros volume, d'une poutre, par exemple, on peut procéder d'une manière plus simple encore. On n'a qu'à la poser sur un point d'appui triangulaire, ou mieux encore sur un rouleau, et à la pousser dans un sens ou dans l'autre, jusqu'à ce qu'elle soit en équilibre, jusqu'à ce qu'elle reste horizontale, sans toucher à terre par ses bouts ni d'un côté ni de l'autre. Qu'arriverait-il si on la sciait en travers de manière à ce que le trait de scie mené bien verticalement vînt tomber exactement sur la ligne suivant laquelle elle repose sur le rouleau ? Il arriverait que le centre de gravité se trouverait nécessairement situé sur un des points parcourus par la scie, car, puisque la poutre est en équilibre sur son point d'appui, il faut que la résultante des forces qui agissent sur elle se trouve sur la verticale, passant par ce point d'appui, verticale sur laquelle est situé par conséquent son centre de gravité, lequel évidemment se trouve compris dans la section supposée faite par la scie.

Dans quel endroit de cette section? Ici, la chose est facile à déterminer. Les poutres, les pierres de taille et la plupart des matériaux de construction ont des formes régulières. La section idéale que nous avons faite sera un carré ou un rectangle, c'est-à-dire un carré long; le centre de gravité se trouvera évidemment sur le milieu de cette section, c'est-à-dire au point de croisement de ses *diagonales*. Vous savez qu'on appelle diagonale d'un carré la droite menée du sommet de la pointe d'un de ses angles au sommet de l'angle opposé.

Au moyen de la géométrie, on arrive à trouver d'autres méthodes encore pour déterminer la position du centre de gravité des corps. Ainsi on démontre que celui d'une sphère est au centre même de la sphère, que celui d'un cylindre est placé au milieu de son axe, que celui d'un triangle est aux deux tiers de la longueur d'une droite menée du sommet d'un de ses angles au milieu du côté opposé, ces deux tiers étant pris à partir de ce sommet; que celui d'un anneau est au centre de cet anneau et par conséquent au dehors de lui, etc.

D'après ce qui précède, on voit qu'*un corps*

*n'est en équilibre qu'à la condition que son centre
de gravité se trouve situé sur la verticale passant par son point d'appui* afin que la résistance
de ce point d'appui puisse détruire l'action de
la résultante des forces qui tendent à faire tomber ce corps à terre. Le centre de gravité du
corps de l'homme, quand ses bras tombent naturellement, est placé vers le creux de l'estomac.
Penchez-vous assez en avant pour qu'un fil à
plomb appliqué au creux de votre estomac
tombe un peu au delà de la pointe de vos pieds,
vous serez sûr de perdre votre équilibre, et, si
vous ne vous retenez pas à quelque chose, de
vous jeter à terre. Il n'est pas nécessaire, pour
que l'équilibre ait lieu, que le point d'appui soit
solide dans toute son étendue, qu'une table, par
exemple, repose sur trois pieds et que la verticale, passant par son centre de gravité, tombe
entre les pieds isolés les uns des autres, elle sera
aussi bien en équilibre que si elle reposait sur
un bloc triangulaire remplissant l'espace que ces
trois pieds laissent entre eux.

Dans la construction, on ne pèche jamais contre la règle que nous venons de poser, car les
matériaux qu'on disposerait sans en tenir compte
tomberaient à terre aussitôt qu'on les abandonnerait à eux-mêmes. Mais ce à quoi on ne fait pas
toujours assez attention, c'est qu'aussi solide que
soit le terrain sur lequel on construit, il n'est pas
impossible que, par la suite, il ne s'y produise
quelques tassements. C'est ce qui arrive très
souvent sous les ondulations toujours très fati-
guées des machines ; c'est ce qui est arrivé
même à plusieurs édifices et notamment à la cé-

lèbre tour de Pise. On sait que cette tour penche de près d'un mètre. Comment ne s'écroule-t-elle pas? C'est que, même dans l'état où elle est, si de son centre de gravité on laissait descendre jusqu'à terre un fil à plomb, le plomb ne tomberait pas en dehors du terrain occupé par sa base. Cela nous montre assez combien il est important, pour la solidité des constructions, de leur donner une base aussi étendue que possible.

Il est presque impossible de faire tenir un œuf debout sur sa pointe. Pourquoi? Parce que des milliers de positions qu'on peut lui donner en l'inclinant un peu plus à droite ou à gauche, il n'en est qu'une seule dans laquelle la verticale passant par son centre de gravité passerait aussi par son point d'appui, qui n'a presque que l'étendue d'un point géométrique. Si on rencontrait cette position, l'œuf resterait en équilibre, mais cet équilibre serait *instable*, parce qu'il suffirait du moindre souffle pour que la verticale ne tombât plus sur le point d'appui, ce qui aurait pour résultat de faire tomber l'œuf lui-même.

Lorsqu'on ne peut pas donner une base suffisamment large aux constructions, il faut s'arranger de manière à ce que leur centre de gravité soit situé le plus bas possible. Un jouet bien connu des enfants consiste en un petit cylindre de moelle de sureau au bas duquel est fixée une petite balle de plomb. La base de ce cylindre est très petite, car, lorsqu'on le pose sur une table, comme l'œuf dont nous parlions tout à l'heure, il n'y touche que par un point. Son équilibre cependant est très stable. Quand on le

renverse, il se relève de lui-même, parce que
son centre de gravité, qui se trouve presque au
centre de la petite balle de plomb, est placé très
près de son point d'appui. Supposez que le centre de gravité de la tour de Pise soit plus haut
qu'il ne l'est, la verticale menée par ce point
tomberait nécessairement en dehors de la base
de cette tour, qui ne manquerait pas de s'écrouler.

Le centre de gravité d'une charrette chargée
de plomb ou de fer est à une hauteur de quelques
centimètres seulement au-dessus de son essieu.
Cette hauteur peut être de deux et de trois mètres pour une charrette chargée de foin. Si une
des roues de chacune de ces charrettes tombe
dans une profonde ornière, il ne sera pas difficile de deviner quelle sera celle des deux qui
versera.

Nous avons dit que la position du centre de
gravité des corps était invariable tant qu'il n'y
a en eux rien de changé. Mais cette position varie suivant la nature du changement qu'ils éprou-
vent. Le centre de gravité d'un omnibus n'est
pas à la même hauteur quand cette voiture est
vide que lorsqu'elle est chargée à l'intérieur, ou
que lorsqu'elle renferme des voyageurs dans son
intérieur et sur son impériale, ou enfin que
lorsque son intérieur est vide et son impériale
chargée. Dans le second cas, son centre de gravité est plus haut que dans le premier, plus
haut dans le troisième que dans le second et assez haut dans le quatrième pour qu'un accident
soit à redouter.

Le centre de gravité de notre corps n'est situé près du creux de l'estomac qu'à la condi-

tion que nous soyons debout, les bras pendants et les pieds sur la même ligne. Que nous fassions un mouvement, et cette position change à l'instant même. Si nous élevons une jambe, par exemple, notre centre de gravité se portera aussitôt en avant, et nous tomberions si, par un mouvement instinctif, en jetant le haut de notre corps en arrière, nous ne ramenions pas notre centre de gravité sur la verticale qui passe par nos pieds. Par la même raison, si nous avons un sac sur le dos, nous sommes obligés de nous pencher en avant; si, d'une main, nous portons un seau d'eau, sous peine de tomber, nous devons nous pencher du côté opposé à celui du fardeau que nous portons.

Vous avez pu voir quelquefois les danseurs de corde se servir d'un *balancier*, c'est-à-dire d'une longue perche dont les deux bouts sont chargés d'une boule plus ou moins pesante. Ils s'en servent pour faire varier à chaque instant, non pas précisément la position de leur propre centre de gravité, mais la position de celui qui serait le leur si le balancier était une partie de leur corps, ce qu'au point de vue de la mécanique, il est en réalité, tant qu'ils le tiennent à la main. Quand ils sentent qu'ils vont tomber à droite, ils allongent leur balancier, et portent ainsi leur centre de gravité vers la gauche, ce qui, tendant à les faire tomber de ce côté, corrige la tendance qu'ils avaient à tomber de l'autre.

Il est important que le centre de gravité d'un navire soit placé le plus bas possible, car, sans cela, quand un coup de vent l'aura couché sur le côté, le navire ne se relèverait plus, Pour maintenir son centre de gravité dans les parties basses, on y place du *lest*, c'est-à-dire un poids considérable qu'on se résigne à transporter sans profit. Mais s'il s'élève une tempête, il arrivera souvent que le capitaine soit contraint d'abaisser davantage encore le centre de gravité de son navire, et, pour cela, il fera jeter à la mer les canons et les marchandises d'un grand poids qui se trouveront sur le pont. Ce n'est pas pour alléger son navire, c'est pour lui donner une stabilité plus grande.

Nous pourrions multiplier à l'infini les exemples qui démontrent toute l'importance de la théorie du centre de gravité, mais nous craindrions de fatiguer le lecteur qui, s'il veut sérieusement s'instruire, doit s'habituer à faire par lui-même l'application des principes qui lui sont enseignés.

CINQUIÈME CAUSERIE

LA PESANTEUR. — LOIS DU MOUVEMENT ACCÉLÉRÉ.

Tous les corps s'attirent les uns les autres et s'attirent d'autant plus qu'ils ont plus de *masse*, c'est-à-dire à la fois plus de volume et de densité. Je n'ai pas besoin de dire que *volume* veut dire grosseur, qu'ainsi une pomme a plus de volume qu'une noisette. La *densité* est autre chose : elle est la texture plus ou moins serrée de la matière qui compose les corps. La texture d'une éponge est lâche ; une éponge a peu de densité. La texture de l'or est très serrée, aussi l'or est-il très dense. Pour parler autrement, la densité est la quantité de matière que contiennent les différents corps sous le même volume.

Cette proposition que tous les corps s'attirent entre eux peut vous paraître démentie par l'expérience. Si ces deux objets posés sur votre table s'attiraient entre eux, ils se rapprocheraient, et ils demeurent immobiles. C'est que leur force attractive étant proportionnelle à leur masse, qui est très petite, ne suffit pas pour vaincre les résistances que l'inertie, que l'air, que le frottement, etc., etc., opposeraient à leur rapprochement. Suspendez à un fil une boule d'ivoire, approchez-vous de cette boule ; elle ne remuera pas. Votre force attractive est trop faible pour la mettre en mouvement ; mais approchez cette boule de l'escarpement d'une haute montagne et vous verrez le fil quitter la verticale et la boule se rapprocher de cet escarpement.

La terre et les autres planètes attirent à elles le soleil ; mais comme leur masse, relativement à la sienne, est fort petite, et comme, d'autre part, elles agissent dans des directions opposées, il ne cède pas, au moins d'une manière sensible à cette attraction. Les planètes, au contraire, sont puissamment attirées par le soleil, dont la masse est énorme relativement à la leur, et elles se précipiteraient sur lui si elles n'étaient retenues par une autre force, par la force centrifuge.

Laissons à l'astronomie l'étude de ces attractions célestes pour ne nous occuper que de celles qui sont plus particulièrement du domaine de la mécanique. La Terre attire vers son centre tout ce qui est à sa surface. C'est pour cela que tout corps qui n'est retenu par rien tombe, et tombe suivant une verticale, c'est-à-dire suivant une ligne droite qui, prolongée, passerait par le centre de gravité de la Terre. N'est-ce pas une chose admirable que la même cause qui fait tomber une pomme de sa branche, fasse circuler les planètes autour du soleil? Cette cause que l'on nomme *attraction*, *force centripète* ou *gravitation*, la découverte en est due à Newton, savant illustre, mort à Cambridge en 1727, et dont le génie donna le signal des progrès dont se glorifie la science moderne.

Si la terre attire à elle tous les corps, elle ne les attire pas tous avec la même force : chacun d'eux est attiré par une force proportionnelle à sa masse. En d'autres termes, les corps qui ont plus de masse sont les plus fortement attirés. Cette attraction exercée sur chacun d'eux est ce qu'on appelle la *pesanteur*.

Il y a là, si vous y réfléchissez, quelque chose qui choque les idées reçues. Généralement on se persuade que la pesanteur est une propriété des corps, une force qui est en eux, quelque chose qui leur est propre, comme leur forme ou comme leur texture. Cela cependant n'est pas vrai : leur pesanteur a sa source, non en eux, mais dans la Terre. L'homme qui porte un fardeau et qui dit que ce fardeau le fatigue, s'exprime mal : ce qui le fatigue, c'est la Terre qui attire à elle ce fardeau.

Si la pesanteur était une propriété des corps, tant que les corps ne changeraient ni de volume ni de densité, elle serait invariable. Un corps pèserait autant à Paris qu'au Havre, et c'est précisément ce qui n'a pas lieu. Certainement, si vous achetez un kilogramme de sucre à Paris et que vous le placiez sur le plateau d'une balance au Havre, il pèsera encore un kilogramme. Mais cela ne prouve rien, car si votre sucre pèse davantage au Havre qu'à Paris, le poids de bronze auquel vous le comparez et que vous placez dans l'autre plateau de la balance a lui-même augmenté de pesanteur. Au lieu d'une balance ordinaire, employez une balance à ressort. Votre sucre, à Paris, en pesant sur le ressort, l'avait fait plier ; au Havre, il le fera plier davantage, ce qui est une preuve certaine qu'il a augmenté de poids. Cette différence, très petite et très difficile à apprécier, même par ce dernier moyen, tient à ce que le Havre étant près de la mer, se trouve situé plus bas que Paris, c'est-à-dire est plus rapproché de la Terre, centre de figure qui est aussi son centre de gravité et où l'on peut considérer comme réunies toutes ses forces attractives.

Nous nous apercevons que nous avons, ici, une omission à réparer. Nous aurions dû vous dire que l'attraction, qui est d'autant plus grande que la masse des corps est plus grande, est, au contraire et d'une manière bien plus marquée encore, d'autant plus grande que la distance qui sépare les corps est plus petite. C'est pour cela que le même corps est plus attiré ou, ce qui est la même chose, est plus pesant quand il est placé dans un lieu moins éloigné du centre de la terre. Ainsi, comme la Terre est un peu aplatie vers ses pôles, les corps qu'on y transporterait, se trouvant plus près de son centre, deviendraient plus pesants. C'est même, comme nous le verrons bientôt, par l'excès de pesanteur qu'ils y prendraient, que les savants sont parvenus à mesurer cet aplatissement avec exactitude.

Savez-vous ce qui arriverait si la Terre, sans changer de dimensions, changeait tout à coup de densité, si, au lieu d'être composée de pierres, de sable, d'eau, etc., etc., elle venait à être transformée en un globe d'or massif? Il arriverait que sa force d'attraction ayant augmenté en même temps que sa densité et étant devenue environ dix fois plus grande, tout, à sa surface, pèserait dix fois plus qu'aujourd'hui. Vos jambes, qui ont actuellement la force de supporter votre corps ne le pourraient plus : vous ne pourriez plus marcher, vous ne pourriez même pas ramper à la manière des serpents. Et si, au lieu de la densité de l'or, la terre prenait celle du liége, votre position ne serait pas meilleure, car elle vous attirerait si peu, vous seriez si peu pesants que le moindre vent vous emporterait.

Il est donc bien convenu que la pesanteur n'est autre chose que l'attraction que la terre exerce sur les corps. Mais, vous direz-vous peut-être: si la terre attire tous les corps, comment se fait-il qu'il y en ait, comme les nuages, comme les ballons, par exemple, qui, au lieu de se rapprocher d'elle, semblent, en s'élevant, vouloir la fuir?

N'oublions pas que les corps sont attirés en raison de leur masse, et attachons un bouchon de liége au fond d'un vase que nous remplirons d'eau. Puis, coupons la ficelle qui attachait ce bouchon. Le liége attiré par la terre aurait bien envie de rester au fond du vase, mais l'eau, dont la masse est plus grande que celle du liége, a plus d'envie encore de prendre la place qu'il occupe. Pesant davantage que le bouchon, elle se glisse sous lui et le soulève continuellement, jusqu'à ce qu'il vienne à la surface. Les choses ne se passent pas autrement pour les nuages et pour les ballons. L'air est plus attiré ou plus pesant sous un même volume (1) que ne le sont les ballons et les nuages ; il s'insinue sous eux et les soulève.

Mettez dans une assiette creuse un lit de sable fin, sur ce sable placez une couche de petits grains de plomb. Remuez l'assiette pendant un moment. Que se sera-t-il passé ? Les grains de plomb qui étaient à la partie supérieure se trouveront réunis au fond de l'assiette, et le sable qui était au-dessous d'eux se trouvera au-dessus. Est-ce librement que le sable sera remonté à la surface ? Non, c'est qu'il y aura été forcé par les grains de plomb qui, plus pesants que lui, se sont mis à la place qu'il occupait.

Le ballon se trouve absolument dans la même position que ce sable. Cela paraîtra étonnant à quelques personnes parce qu'elles s'imaginent que le ballon avec son enveloppe, sa nacelle, etc., doive être nécessairement plus lourd que l'air. Il faut expliquer d'abord ce qu'on entend par le mot *lourd*. On ne veut pas dire par là assuré-

(1) 1 mètre cube d'air pèse environ 1 kilogramme 300 grammes.

ment que le ballon pèse plus, à lui tout seul, que la totalité de l'air qui enveloppe le globe terrestre. De quelle quantité d'air veut-on donc parler? Ce doit être d'un volume d'air égal à celui du ballon. Pour fixer les idées, supposons que ce volume soit de 600 mètres cubes. Ces 600 mètres cubes d'air pèseront 780 kilogrammes. Le ballon étant rempli d'un gaz environ dix fois plus léger que l'air, les 600 mètres cubes de ce gaz ne pèseront que 78 kilogrammes. En admettant que le poids total de l'enveloppe, des cordages et de la nacelle soit de 250 kilogrammes et que la nacelle renferme deux hommes pesant ensemble 150 kilogrammes, le poids total du ballon sera de 478 kilogrammes seulement. Il sera donc beaucoup moins lourd que l'air, et pourra être considéré comme étant, relativement à l'air, ce qu'étaient les grains de sable relativement aux grains de plomb de notre assiette.

L'attraction terrestre agit sur les corps d'une manière constante. Or, comme nous allons le montrer, c'est le propre des forces qui agissent d'une manière constante d'imprimer aux corps sur lesquels elles agissent un mouvement accéléré.

On dit d'un corps que son mouvement est *uniforme* quand il parcourt des espaces égaux dans des temps égaux. Ainsi, une voiture qui fait régulièrement dix kilomètres à l'heure marche d'un mouvement uniforme. Lorsqu'au contraire, dans des temps égaux, un corps parcourt des espaces de plus en plus considérables, son mouvement est *accéléré*; si les espaces parcourus étaient de plus en plus petits, on dirait de son mouvement qu'il est *retardé*.

Considérons un enfant faisant rouler un cerceau en le frappant avec une baguette. Puisqu'un premier coup de baguette a donné au cerceau une certaine vitesse, un second coup lui donnera une nouvelle vitesse qui, en s'ajoutant à celle déjà acquise, la doublera. Un troisième coup la la triplera etc., etc. Si le cerceau n'était pas retardé dans sa marche par la résistance que lui opposent l'air et les différents obstacles qu'il rencontre sur sa route, sa vitesse irait en s'accélérant ainsi proportionnellement au nombre de coups de baguettes qu'il aurait reçus, et, s'il en recevait un toutes les secondes (1), sa vitesse au bout d'un temps quelconque serait proportionnelle au nombre de secondes ou, d'une manière plus générale, au temps écoulé depuis son départ. Telle est, en effet, la loi des vitesses régulièrement accélérées.

Nous en savons tous quelque chose, car il nous est quelquefois arrivé à tous de descendre en courant dans un chemin en pente. Notre pesanteur, qui est une force agissant constamment sur nous, accélérait de plus en plus notre vitesse, si bien qu'au bout de quelques instants, entraînés malgré nous, nous ne pouvions plus nous arrêter. C'est que les forces constantes agissent comme la baguette de l'enfant sur le cerceau, mais avec cette différence qu'au lieu d'agir par coups successifs, elles agissent d'une manière continue.

(1) On appelle *seconde* la soixantième partie d'une minute, qui est elle-même la soixantième partie d'une heure.

Tout en ne perdant pas de vue cette conti-
nuité, revenons, pour être plus intelligibles, à
l'hypothèse d'impulsions successives. Comme
nous pouvons concevoir que ces impulsions se
succèdent à des intervalles très courts, aussi
courts qu'on puisse les imaginer, à des intervalles
infiniment petits, comme disent les mathématiciens, notre supposition ne s'écartera de la réalité que d'une quantité infiniment petite, c'est-à-
dire nous amènera à des conséquences aussi vraies
que possible. Ces petits, très petits intervalles
sépareront entre elles les impulsions successives,
qui auront lieu chacune dans des temps égaux et
infiniment courts, que nous appellerons des
unités de temps.

Admettons donc qu'un corps animé d'une vitesse accélérée, dans la première unité de temps
qui a suivi son départ, ait parcouru un espace
quelconque, un mètre, par exemple. Si, à ce moment, la force accélératrice cessait tout à coup
d'agir sur lui et s'il ne rencontrait pas d'obstacle,
il continuerait de marcher, mais avec une vitesse
uniforme. Quelle serait cette vitesse ou, ce qui revient au même, combien parcourrait-il de mètres
dans chacune des unités de temps qui suivraient?
Evidemment, deux mètres, car, puisqu'avec une
vitesse accélérée, il n'a parcouru qu'un mètre dans
la première unité de temps, sa vitesse moyenne,
sa vitesse au milieu de sa course, a été d'un mètre; et, puisque sa vitesse au départ était zéro, il
faut bien que sa vitesse à la fin de sa course soit
de deux mètres. Si vous saviez que quelqu'un a
parcouru une lieue dans une demi-heure et que
dans le premier quart d'heure il a marché très

lentement, vous en concluriez qu'il a couru fort vite dans le second.

Pour mieux la faire comprendre, posons la question en sens inverse. La vitesse d'un corps, laquelle était nulle au début, en augmentant peu à peu, est devenue, au bout d'un certain temps, capable de lui faire parcourir deux mètres dans le même temps, en supposant qu'elle cesse d'augmenter. Combien de mètres ce corps a-t-il parcouru pendant sa course?

Puisque de zéro sa vitesse est, par une accélération régulière, devenue égale à 2, c'est absolument comme si elle avait été égale à 1 pendant le temps entier. Donc ce corps a parcouru 1 mètre pendant sa première course.

Au bout de la première unité de temps, le corps dont il s'agit se trouvera, comme nous venons de le dire, animé d'une vitesse qui, lors même que la force accélératrice cesserait d'agir, lui ferait parcourir 2^m pendant la seconde unité de temps; mais la force accélératrice agit, pendant cette seconde unité de temps, comme elle a agi dans la première et fait parcourir 1^m au corps dont nous parlons. Il parcourra donc 3^m pendant cette seconde unité de temps.

D'autre part, il conservera la vitesse de 2^m qu'il avait acquise et recevra de leur force accélératrice, comme dans la première unité de temps, une nouvelle vitesse qui arrivera à être de 2^m. Sa vitesse, au bout de la seconde unité de temps, sera donc de 4^m.

Si elle agissait seule, elle lui ferait parcourir 4^m dans la troisième unité de temps, mais la force accélératrice qui continue d'agir lui fera, comme précédemment, parcourir 1ᵐ de plus. Il parcourra donc 5ᵐ pendant la troisième unité de temps. Et sa vitesse, qui, nous venons de le dire, était de 4ᵐ au commencement de cette troisième unité de temps, en vertu de l'accélération, augmentera successivement de 2ᵃ, comme toujours, et finira par être de 6ᵐ, et ainsi de suite.

Résumons dans un petit tableau tout ce que nous venons de dire :

Unités de temps	1ʳᵉ.	2ᵉ,	3ᵉ,	4ᵉ.	5ᵉ,	6ᵉ,	7ᵉ,	8ᵉ,	9ᵉ,	10ᵉ
Vitesses acquises à la fin de chaque unité de temps....	2ᵐ.	4ᵐ.	6ᵐ,	8ᵃ.	10ᵐ,	12ᵐ,	14ᵐ.	16ᵐ,	18ᵃ,	20ᵐ
Espaces parcourus dans chaque unité de temps....	1ᵐ,	3ᵐ.	5ᵐ,	7ᵐ,	9ᵐ.	11ᵐ,	13ᵐ,	15ᵐ,	17ᵐ.	19ᵐ

De ce résumé nous avons à tirer deux conséquences importantes :

La première est, conformément à ce que nous avons dit en parlant de l'enfant au cerceau, que, dans le mouvement accéléré, *les vitesses acquises sont proportionnelles au temps mis à les acquérir*. Voyez plutôt : la vitesse acquise au bout de 3 unités de temps est 6ᵐ. Que sera-t-elle au bout d'un temps triple, au bout de 9 unités de temps ? Elle sera triple, elle sera de 18ᵐ.

La seconde, c'est que *les espaces totaux parcourus par un corps animé d'un mouvement accéléré sont proportionnels* à la somme des temps mis à les parcourir, multipliée par elle-même, ou, comme on le dit, *au carré de ces temps*. Voyons, en effet, quel sera l'espace parcouru en 7 unités de temps. L'espace parcouru dans la première unité de temps est 1^m, l'espace parcouru en 7 unités de temps devra être 7 fois multipliant 7 fois, c'est-à-dire 49 fois plus considérable. Notre tableau montre, en effet, que cet espace se composera de 1^m, de 3^m, de 5^m, de 7^m, de 9^m, de 11^m et de 13^m, dont le total est bien de 49^m.

Mais à quoi tout cela peut-il nous servir ? direz-vous. Encore un peu de patience, et vous verrez que de ces raisonnements si ennuyeux nous tirerons une foule de conséquences intéressantes. Laissez-nous donc continuer, ce ne sera pas long.

De ces deux lois que nous venons d'indiq il résulte que de ces trois choses : le temps écoulé, la vitesse acquise et l'espace parcouru, une étant connue, on peut trouver immédiatement les deux autres.

Essayons et voyons. Supposons d'abord connu le temps écoulé. Ce sera, si vous le voulez, 5 unités de temps. Quelle sera la vitesse acquise ? Puisque, pour une unité de temps, la vitesse est de 2^m, pour 5 unités de temps, elle sera cinq fois plus considérable, c'est-à-dire de 10^m. *Le temps écoulé étant connu, pour connaître la vitesse, il n'y a donc qu'à multiplier le chiffre qui exprime ce temps par celui qui exprime la vitesse acquise au bout de la première unité de temps.* Quel sera l'espace total parcouru ? D'après la seconde des lois ci-dessus exposées, puisque l'espace parcouru pendant la première unité de temps est 1^m, l'espace parcouru sera 25 fois plus considérable ou 25 fois 1. Donc, *le temps écoulé étant connu, pour trouver l'espace parcouru, il suffit de multiplier par lui-même le chiffre qui exprime ce temps et de multiplier ce produit par le nombre exprimant la longueur de l'espace parcouru pendant la première unité de temps.*

Regardons à présent la vitesse comme connue. Supposons-la de 16^m; quel sera le temps écoulé depuis le moment où le corps soumis à l'action d'une force accélératrice se sera mis en mouvement? Puisque ce corps a acquis une vitesse de 2^m dans la première unité de temps, pour acquérir la vitesse de 16^m, qui est 8 fois plus grande, il aura mis un temps 8 fois plus considérable, c'est-à-dire 8 fois 1 ou 8 unités de temps. Donc, *la vitesse d'un corps étant connue, pour connaître le temps depuis lequel ce corps est en mouvement, il n'y a qu'à diviser le chiffre qui exprime la vitesse connue par le chiffre qui exprime la vitesse acquise au bout de la première unité de temps.* Quel sera l'espace total parcouru? Dès qu'on a trouvé le temps, on a trouvé l'espace parcouru, puisque nous venons de voir que, pour cela, il suffisait de multiplier par lui-même le chiffre qui exprime le temps et de multiplier ce produit par le nombre qui exprime l'espace parcouru pendant la première unité de temps.

Supposons enfin donné l'espace total parcouru; supposons-le de 64^m; quel aura été le temps mis à le parcourir? En vertu de notre seconde loi, l'espace 1^m parcouru pendant la première unité de temps est à 64^m comme le carré de 1 est au carré du temps cherché. Il suffit de connaître la théorie arithmétique des proportions, qui s'enseigne dans toutes les écoles, pour savoir que ce carré est 64. Mais si le carré du temps cherché est 64, le temps cherché sera exprimé par un nombre qui, multiplié par lui-même, donne 64, et ce nombre est 8. Pour avoir parcouru 64^m, le corps en mouvement a donc dû voyager pendant 8 unités de temps. Donc, *l'espace parcouru étant donné, pour trouver le temps mis à le parcourir, il faut diviser le nombre exprimant cet espace par celui exprimant l'espace parcouru pendant la première unité de temps et extraire la racine carrée de ce quotient.* Pour trouver la vitesse acquise par le corps, après qu'il a parcouru l'espace donné, il faut d'abord, comme nous venons de le faire, chercher le temps qu'il a mis à le parcourir, et ce temps une fois connu, nous savons comment on en déduit la vitesse.

Faisons actuellement quelques applications de ces règles ; mais disons d'abord que, pour plus de simplicité, nous avons pris une unité de temps quelconque et décidé arbitrairement que tout corps animé d'un mouvement accéléré parcourait juste un mètre pendant la première unité de temps. A l'avenir, nous prendrons pour unité de temps la seconde, et nous tiendrons bonne note qu'il a été démontré par l'expérience que, lorsque l'accélération est due à la pesanteur, les corps parcourent 4^m,904 pendant la première seconde de leur chute.

Cela ne change absolument rien aux règles que nous venons de poser. Le petit tableau que nous avons donné et qui met en regard les vitesses acquises et les espaces parcourus dans chaque unité de temps ou dans chaque seconde,

continue à être exact. Seulement il faut multiplier par 4,904 tous les chiffres inscrits dans ses
deux dernières lignes. Ainsi, dans la 7ᵉ seconde, un corps qui tombe librement parcourt
treize fois 4ᵐ904 ou 63ᵐ752 ; il a parcouru pendant les sept secondes quarante-neuf fois 4ᵐ904
ou 240ᵐ296.

Transportons-nous, à présent, sur le bord
d'un puits de mine ou d'un précipice dont nous
voulons connaître la profondeur. Jetons-y une
pierre ; elle tombera suivant un mouvement accéléré. Le bruit qu'elle fera en arrivant au fond
nous permettra de nous rendre compte, au
moyen d'une montre marquant les secondes, du
temps qu'elle aura mis dans sa chute. Si ce temps
est de 8 secondes, nous multiplierons le carré de
8, qui est 64, par 4ᵐ904, et nous trouverons
que la profondeur de ce puits ou de ce précipice
est de 313ᵐ856. N'est-ce pas une chose merveilleuse qu'avec une montre on puisse mesurer
l'espace?

Nous avons dit que, lorsqu'on court en descendant sur une forte pente, on se trouve entraîné
avec une vitesse qui peut finir par devenir dangereuse. Pour trouver ce qu'est cette vitesse à
la fin de la descente, il faut chercher celle qu'aurait acquise un corps tombant librement d'une
hauteur égale à celle de la pente, et, par un motif que nous expliquerons plus tard, multiplier le
nombre exprimant cette vitesse par celui exprimant la hauteur de la pente, et diviser ce produit par le nombre exprimant la longueur de
cette même pente.

Dans les pays montagneux, les routes ont

quelquefois une inclinaison qui va jusqu'à 0,25 par mètre ou, en autres termes, forment un plan incliné dont la hauteur est le quart de la longueur. Voyons quelle vitesse aurait acquise une voiture en descendant un espace de 600 mètres sur une semblable pente, en supposant que les chevaux, retenus par le postillon, ne l'aient traînée en aucune manière. Il s'agit d'un plan incliné ayant 600^m de long sur 150^m de hauteur. En calculant comme nous venons de l'indiquer, on trouve que cette voiture, en arrivant au bas de la pente, aurait une vitesse de 13^{m}584, vitesse comparable à celle des convois de chemins de fer, et qui ferait passer la voiture par-dessus les chevaux, qu'elle écraserait, pour aller se briser elle-même contre le premier obstacle qu'elle rencontrerait.

On comprend dès lors combien il est utile, dans les descentes, de serrer les freins, pour empêcher les voitures de prendre une trop grande vitesse. Grâce aux freins, qui sont des morceaux de bois s'appliquant vigoureusement contre les roues, les roues finissent par ne plus tourner, frottent contre la terre, et ce frottement peut être tel que, si on venait à dételer les chevaux, même sur une pente rapide, la voiture resterait immobile. Si, alors, elle continuait à descendre, ce ne serait plus avec la vitesse accélérée d'un corps qui tombe librement. Ce serait seulement en vertu de la force de traction qu'exerceraient sur elle les chevaux, force qu'on modère comme on le veut, et qui lui imprimerait une vitesse qui n'a rien de commun avec la vitesse excessive que, sans les freins, elle ne manquerait pas de prendre.

Le lit des rivières est en pente, et c'est pour cela qu'elles coulent. Sans pente, les eaux seraient stagnantes comme celles des marais. Elles coulent sur un plan incliné. Comment se fait-il qu'elles ne prennent pas une vitesse accélérée et que la vitesse de la Seine, par exemple, ne soit pas sensiblement plus grande à Rouen qu'à Paris? C'est que le frottement des eaux contre le fond des rivières et contre les terres ou les rochers de leurs bords remplit à leur égard un rôle analogue à celui que remplit le frein à l'égard des voitures.

Les rivières vous paraissent couler d'un mouvement continu. C'est là une erreur. Si vous y regardez de près, vous verrez qu'à chaque instant elles sont arrêtées par les frottements. Le flot arrêté forme comme une petite digue derrière laquelle le flot qui suit gonfle jusqu'à ce qu'il l'emporte et la chasse devant lui. Ce mouvement dure peu. Bientôt le frottement l'arrête jusqu'à ce que de nouvelle eau arrivant produise un mouvement nouveau, lui-même de courte durée. Le cours des rivières est saccadé et intermittent, et c'est là surtout ce qui empêche l'accélération de se produire. Tout à fait sur le bord du cours d'eau, même le plus tranquille, posez un caillou, vous le verrez, à chaque instant, se couvrir d'eau et, l'instant d'après, demeurer à sec, ce qui prouve bien l'intermittence dont nous venons de parler.

L'industrie humaine a imité cet artifice de la nature principalement dans l'horlogerie. En descendant, le poids qui fait marcher les horloges imprimerait à leurs rouages un mouvement accéléré, une vitesse de plus en plus grande, qui rendrait impossible la régularité de leur marche. Pour empêcher cela, on adapte aux horloges une pièce d'une forme particulière qu'on appelle *échappement*, et qui a pour effet d'arrêter net le poids et les rouages environ toutes les secondes. Par suite de l'action du balancier qui, lui, ne s'arrête pas, et par un moyen que je ne peux, ici, vous expliquer, bientôt l'échappement cesse d'arrêter le jeu de la machine. Les rouages se remettent en mouvement, et le poids recommence à descendre. Cette descente a bien lieu par un mouvement accéléré, mais cette accélération, qui n'a qu'un temps fort court pour se produire et qui est ralentie par le frottement des pivots et des engrenages, est presque insensible. Semblable à l'eau de la rivière, l'aiguille du cadran n'avance que par secousses. Chacun de ses petits mouvements est plus rapide quand il va finir que lorsqu'il vient de commencer. Mais cela est sans inconvénient, car ce qui importe, c'est seulement que ces mouvements successifs ne soient pas plus rapides les uns que les autres et s'exécutent dans des temps égaux.

Pour ce qui est du poids de la sonnerie, on ne prend pas tant de précaution ; comme il ne tend pas à descendre constamment comme celui qui conduit les aiguilles, comme il ne descend que lorsque l'horloge sonne l'heure, et enfin, comme il est facile d'espacer les dents qui soulèvent le marteau de la sonnerie de manière à corriger les effets de l'accélération et à faire que les coups se succèdent à intervalles à peu près égaux, on se borne à amoindrir l'accélération par un frein.

Ce frein toutefois n'agit point par frottement comme celui des voitures, parce que les parties frottantes s'useraient assez vite, ce qui exigerait de fréquentes réparations. Il se compose d'un moulinet qui, en tournant, frappe de ses ailes l'air, dont la résistance suffit pour ralentir la descente du poids.

Les forces, en mécanique, sont utilisées dans deux buts différents qu'il ne faut pas confondre : ou pour créer le mouvement, ou pour l'entretenir.

Quand il ne s'agit que de mettre des corps en mouvement, les forces n'agissent qu'une fois pour toutes, comme le fait, par exemple, la force expansive de la poudre à canon qui cesse d'agir aussitôt que le boulet est lancé. Nous savons que le mouvement imprimé pour ces sortes de forces est un mouvement uniforme, qui se continuerait éternellement sans ralentissement ni accélération si rien ne venait y faire obstacle. Mais cela n'a jamais lieu. Tout corps mis en mouvement par une force qui cesse aussitôt d'agir sur lui, étant sans cesse retardé dans sa marche par les obstacles qu'il rencontre, finit bientôt par s'arrêter. Pour lui conserver un mouvement uniforme, il faut donc qu'outre la force impulsive qui, en surmontant son inertie, l'a d'abord mis en mouvement, une autre force agisse constamment sur lui pour lui donner, à chaque instant, de nouvelles impulsions qui lui fassent vaincre les obstacles qui tendraient à le ralentir.

Quand un convoi de chemin de fer passe devant vous, vous auriez tort de croire qu'il doit son mouvement à l'effort actuel de la locomotive.

S'il pouvait ne pas rencontrer d'obstacles, il marcherait parfaitement sans elle. Elle ne fait rien de plus que d'empêcher que la vitesse acquise par le convoi ne se ralentisse. Aussi travaille-t-elle tantôt plus, tantôt moins, suivant que les résistances à vaincre sont plus puissantes ou plus nombreuses; beaucoup plus, par exemple, dans les montées, beaucoup moins et quelque fois même pas du tout dans les descentes.

Si la force constante, ayant pour fonction de réparer les pertes du mouvement qu'à chaque instant éprouve une machine, est trop ou pas assez puissante, la machine prend un mouvement accéléré ou retardé qu'on cherche à détruire au moyen d'un *régulateur*.

Dans l'horlogerie, on ne peut rien changer à la force constante qui agit sur les rouages, car cette force est la pesanteur d'un poids en plomb ou en fonte. Pour régulariser le jeu de la machine, c'est alors sur les résistances qu'on agit au moyen de l'échappement qui, à chaque instant, crée ou détruit un obstacle au mouvement. Dans les machines ordinaires, il en est tout autrement. Les résistances sont ce qu'elles sont, et il est rare qu'on puisse les faire varier. Une machine, par exemple, doit élever des fardeaux, il est clair que, pendant qu'ils montent on ne peut, pour empêcher la machine de prendre ou de perdre de la vitesse, augmenter ou diminuer leur poids; mais on peut toujours modifier l'intensité de la force qui agit sur la machine elle-même. On a inventé, pour cela, une foule de moyens très ingénieux. Le plus simple est de charger un homme de distribuer la force en raison des obstacles à vaincre, par exemple, en ouvrant plus ou moins la *vanne*, c'est-à-dire la porte à coulisse qui laisse tomber l'eau sur les roues d'un moulin ou le robinet qui laisse arriver la vapeur dans les cylindres d'une locomotive. Mais, dans beaucoup de cas, on laisse ce soin à la machine elle-même, dont le mouvement, alors, ne peut s'accélérer ou se ralentir sans mettre en jeu des appareils spéciaux qui rétablissent l'uniformité du mouvement en diminuant ou en augmentant l'action de la force dont on dispose. Nous en verrons un exemple très intéressant quand nous parlerons des machines à vapeur.

SIXIÈME CAUSERIE

LE MOUVEMENT RETARDÉ. — LE PENDULE. LE FROTTEMENT.

Disons quelque chose à présent du mouvement contrarié, non par un obstacle accidentel, mais par l'action continue et uniforme d'une force retardatrice.

Vous avez peut-être entendu parler d'un amusement passé de mode aujourd'hui, qu'on appelait *descente des montagnes russes*. On se plaçait dans un petit vagon roulant sur un plan incliné. Lorsqu'on était arrivé au bas de cette pente, on en trouvait une autre en sens inverse que le vagon remontait jusqu'à une certaine hauteur.

Tant qu'on descendait, c'était avec une vitesse qui allait toujours en s'accélérant. Quand on remontait, au contraire, c'était avec une vitesse de moins en moins grande.

D'abord, pourquoi remontait-on ? on remontait par cet unique motif que, lorsqu'un corps est en mouvement, si rien n'y fait obstacle, il continue de se mouvoir avec la même vitesse. Ici, il rencontrait bien un obstacle au mouvement : c'était la pente à monter. Mais cet obstacle, n'étant pas assez grand pour l'arrêter brusquement, ne faisait autre chose que de ralentir peu à peu sa vitesse. Quand nous disons que la pente qu'il avait à monter était l'obstacle que rencontrait notre vagon, nous nous exprimons mal. Cet obstacle, c'était sa propre pesanteur, c'était l'attraction qu'exerçait sur lui le globe terrestre. Cette attraction, qui l'avait fait descendre de plus en plus vite, le forçait de remonter de moins en moins vite.

La pesanteur, qui agit comme force accélératrice sur les corps qui se rapprochent de la terre, agit comme force retardatrice sur ceux qui s'en éloignent. Son mode d'action est le même dans un sens que dans l'autre. Si elle a mis 6 secondes à créer une certaine vitesse, il lui faudra 6 secondes pour la détruire. Si un corps a mis un certain temps à descendre d'une certaine hauteur, il mettra le même temps à remonter à la même hauteur. Si, en descendant, il a successivement parcouru, par seconde, 1, 3, 5, 7, 9 mètres, en montant il parcourra 9, 7, 5, 3, 1 mètres, puis il s'arrêtera pendant un moment infiniment court pour redescendre cette même pente qu'il vient de gravir et pour remonter ensuite celle qu'il avait commencé par descendre, et il continuerait ces descentes et ces montées alternatives pendant toute l'éternité si les frottements et la résistance de l'air, dont nous n'avons pas tenu compte, ne s'ajoutaient pas à la force retardatrice de la pesanteur et ne faisaient pas que jamais il ne puisse remonter à une hauteur égale à celle d'où il est descendu.

Les jets d'eau nous donnent un exemple de l'action des forces retardatrices. L'eau descendant d'un réservoir supérieur est animée d'une vitesse due à la hauteur même de ce réservoir. Cette vitesse fait qu'elle jaillit avec force du tuyau qui la contient et qu'elle s'élève en brillante colonne. Mais cette vitesse, la pesanteur la lui fait perdre de plus en plus, si bien qu'arrivée à une certaine hauteur, elle s'arrête pour retomber en pluie dans le bassin destiné à la recevoir. Les frottements de l'eau dans les tuyaux de conduite et la résistance de l'air font que les jets d'eau ne s'élèvent jamais qu'à une hauteur égale à environ les neuf dixièmes de la hauteur du réservoir au-dessus du bassin d'où ils jaillissent.

Cherchons un autre exemple encore de l'action des forces retardatrices. Attachons un fil au plafond de notre chambre. A l'extrémité libre de ce fil suspendons une boule de plomb, de fer, ou de toute autre matière pesante. Ce petit appareil, si aucun mouvement ne lui est communiqué, nous indique la *verticale*, c'est-à-dire, nous l'avons déjà expliqué, la direction d'une ligne droite qui passerait, à la fois, par le centre de notre boule et par le centre de la terre. Quand il sert à cet usage, on le nomme *fil à plomb*. On l'appelle *pendule* quand on l'emploie à celui dont nous allons parler.

Donnons une légère impulsion à la boule du pendule. Elle s'écartera de sa première position et, retenue par le fil, au lieu de se mouvoir en ligne droite, elle s'élèvera en décrivant un arc de cercle. Bientôt cependant elle s'arrêtera. Puis, en vertu de sa pesanteur, elle redescendra avec une vitesse accélérée pour, une fois arrivée au bas de sa course, la continuer en remontant avec une vitesse de plus en plus retardée, mais de manière cependant à monter un peu moins haut qu'elle n'était d'abord montée pour, de là, redescendre et remonter alternativement comme le vagon des *montagnes russes*, mais avec cette différence qu'au lieu de rouler sur une pente et sur une contre-pente, elle parcourt, soutenue par le fil, deux arcs de cercle: l'un à droite, l'autre à gauche de la verticale. Le mouvement qu'elle fait pour parcourir ces deux arcs s'appelle une *oscillation*.

En raison principalement de la résistance de l'air, les oscillations, comme nous venons de le dire, vont toujours en diminuant de grandeur ou d'*amplitude*, jusqu'à ce qu'enfin le mouvement s'arrête et que le fil reprenne sa position verticale. Chose qui peut paraître singulière, ces oscillations sont toutes d'égale durée. Cela tient à ce que la boule, quand elle parcourt de grands arcs, les parcourt avec une grande vitesse, qui tient à ce qu'elle tombe de plus haut et qu'au contraire, quand ses oscillations diminuent d'amplitude, ces arcs deviennent plus petits et qu'elle les parcourt avec une vitesse plus petite. Cette égalité dans la durée des oscillations s'appelle *isochronisme*.

Les oscillations d'un même pendule sont isochrones, mais cela n'est pas vrai de pendules de différentes longueurs. Supposons que de la voûte d'un monument tombe une corde au bout de laquelle soit attaché un lustre. Cet ensemble formera un véritable pendule. Par une cause quelconque ce lustre, mis en mouvement, se balance dans l'espace. Je regarde à ma montre et je trouve que chacune de ses oscillations dure huit secondes. Sachant, de plus, que le centre de gravité de ce lustre est à une hauteur de dix mètres au-dessus du sol, j'en conclus que la voûte d'où il pend a 73 mètres 603 de hauteur.

Suis-je donc sorcier pour cela? Pas le moins du monde. Je sais seulement que les longueurs des pendules inégaux sont proportionnelles au carré du temps que ces pendules mettent à faire une oscillation. Je sais aussi qu'à Paris, les oscillations d'un pendule de 0 m. 9938 de longueur durent exactement une seconde. Cela posé, voilà comment je raisonne : le carré d'une seconde est 1 ; le carré de 8 secondes, temps que le lustre met à faire une oscillation, est 64 ; donc la longueur de la corde jusqu'au centre de gravité du lustre est 64 fois plus grande que 0 m. 9938, donc elle a 63 m. 603. Si à cette longueur j'ajoute les 10 m., distance à laquelle le lustre est du sol, j'aurai la distance totale entre le sol et la voûte. Ne trouvez-vous pas merveilleux que la connaissance des lois de la pesanteur, qui nous a déjà servi à mesurer la profondeur d'un pré-cipice, nous serve actuellement à mesurer la hauteur d'un monument?

Dans les ouvrages des peuples de l'antiquité, dans les livres des Grecs et des Romains, il est souvent fait mention des mesures alors en usage. Comme on n'a pu retrouver ces mesures elles-mêmes, nous ne pouvons faire, sur les vraies dimensions des édifices ou sur les distances dont parlent ces écrits, que de simples conjectures. Supposez, ce qui n'arrivera certainement pas, que les Cosaques viennent détruire notre civilisation, comme autrefois les Barbares du nord détruisirent la civilisation romaine. Pourvu que plus tard on sache que le pendule de $0^m,9938$ bat, à Paris, la seconde, c'est-à-dire fait une oscillation dans la $86,400^e$ partie du temps que la terre met à faire une révolution complète sur elle-même, on pourra toujours retrouver la longueur exacte de notre mètre, et par lui toutes nos autres mesures.

Nous venons de parler du pendule qui, à Paris, met une seconde à exécuter une de ses oscillations. Est-ce qu'ailleurs il irait plus lentement ou plus vite? Mais quand la boule du pendule s'est éloignée de la verticale, qu'est-ce qui l'y ramène? Évidemment c'est la pesanteur, c'est l'attraction qu'exercera sur elle le corps terrestre. Donc, puisque cette attraction augmente quand on se rapproche ou diminue quand on s'éloigne du centre de la Terre, le pendule oscillera plus vite sur le bord de la mer qu'à Paris, et plus vite à Paris que sur une montagne, et c'est, en effet, ce que prouve l'expérience.

La durée des oscillations du pendule peut donc servir à mesurer l'élévation des différents points du globe. Comme en s'éloignant de l'équateur, on s'est aperçu que cette durée allait en diminuant, on en a conclu que la terre était aplatie vers les pôles et on a même pu mesurer cet aplatissement qui, d'ailleurs, est fort peu de chose relativement au diamètre de notre planète. Cet exemple ne suffit-il pas pour nous montrer combien est importante l'étude des lois du mouvement ? Elle n'est pas indispensable seulement à l'industriel qui a des machines à guider ou à construire. Elle rend à la géographie les plus signalés services, et devient la base sur laquelle repose l'édifice entier de l'astronomie à qui, par ce motif, on a donné le nom de *mécanique céleste*.

Dans tout ce qui précède, nous avons trop souvent parlé du frottement pour que, bien que cela puisse paraître nous éloigner de notre sujet, il ne soit pas convenable que nous en disions quelque chose.

Quand, de deux corps en contact, l'un est en repos et l'autre en mouvement, ou, quand les deux sont en mouvement, mais avec des vitesses différentes, il y a frottement. Nous avons déjà dit que le résultat du frottement était d'user les parties en contact en en arrachant successivement de légères particules. Cet arrachement exige un effort et par conséquent une dépense de force très inutile, qu'il faut diminuer autant que possible et dont il est par conséquent nécessaire de bien apprécier l'importance.

Supposons que, sur une longue table en bois

bien unie, on pose un bout de planche chargé d'un poids tel que le bout de planche et ce poids pèsent ensemble 100 kil. Attachons à cette planche une corde allant passer sur une poulie fixée à l'extrémité de la table et qu'au bout libre de cette corde on suspende un poids. Que devra être ce poids pour qu'en descendant il continue d'entraîner la planche, après que nous l'aurons mise en mouvement avec la main et qu'il la force à glisser sur la table?

Souvenons-nous d'abord que, une fois la force d'inertie vaincue, il ne faudrait plus aucune force pour entretenir le mouvement de cette planche si elle ne rencontrait aucun obstacle. Pour entretenir ce mouvement, l'action d'un poids n'est donc nécessaire que parce que le frottement s'oppose à sa marche. On pourra donc prendre la grandeur de ce poids comme expression de la force nécessaire pour vaincre le frottement.

L'expérience montre que ce poids, qui varie suivant la nature des corps frottants les uns contre les autres, est en moyenne, savoir:

Bois contre bois sans l'interposition d'un corps
    gras . . . . 36 kil.
Fer ou cuivre glissant sur du bois dans
    les mêmes conditions 40
Fer glissant à sec sur du cuivre ou du
    bronze. 18
Fer glissant sur du bronze avec emploi
    d'un enduit onctueux. 7

Ainsi, on voit que la résistance due au frottement peut absorber inutilement une force équi-

valente à environ les deux tiers, les deux cinquièmes, le sixième, ou seu'em nt les sept centièmes du poids du corps frottant. Cela montre
assez combien il importe d'éviter les frottements
dans le jeu des machines.

L'essieu d'une roue frotte dans la boîte du
moyeu de la même manière qu'un traîneau garni
en dessous de bandes de fer frotterait sur des
rails. A quoi bon dès lors, dira-t-on, employer
des voitures au lieu de se servir de traîneaux ?
Vous allez voir que ce n'est pas sans raison
qu'on donne la préférence aux voitures.

Supposons deux rails convenablement graissés
et fixés sur une table, au bout de laquelle, comme
dans les expériences précédentes, est attachée
une poulie dessus laquelle nous ferons passer une
corde dont un bout sera attaché à un traîneau en
fer ou en bronze pesant, avec sa charge, 100 kil.,
et dont l'autre bout supportera un poids de 7 kil.
que, d'après ce que nous venons de voir, nous
savons être suffisant pour maintenir le traîneau
en mouvement, il est évident que, si ce poids
descend d'un mètre, le traîneau aura également
avancé d'un mètre. Si, alors, ce poids touche à
terre et si nous voulons continuer l'expérience,
il faudra que nous le remontions à la hauteur de
la table. Donc, toutes les fois que nous voudrons
faire avancer le traîneau d'un mètre, nous de-
vrons dépenser la force nécessaire pour élever
à un mètre un poids de 7 kil.

Actuellement, remplaçons le traîneau par un
vagon de même poids et dont les roues aient
1 mètre de diamètre. Toutes les fois que les
roues font un tour, leur essieu fait également un

tour en frottant dans sa boîte. Si la circonférence de la boîte est de 0ᵐ,166, l'essieu en un tour aura parcouru en frottant une longueur de 0ᵐ,166. Il faudra donc que la roue fasse 6 tours pour que l'essieu ait parcouru en glissant une longueur d'un mètre.

Mais, pendant ces six tours de roue, de combien se sera avancé le vagon ? Quand une voiture marche, il est évident que chacun des points de la circonférence de sa roue vient successivement s'appuyer contre la terre, et, par conséquent, que la voiture avance d'une longueur égale à cette circonférence. Les roues de notre vagon ont 3ᵐ141 de circonférence, donc, en six tours de roue, il avancera de 18ᵐ 846.

Donc la même force représentée par 7 kil. qui, en descendant d'un mètre, n'a fait avancer le traîneau que d'un mètre, a fait avancer le vagon d'une longueur près de 19 fois plus considérable ; donc la résistance qui résulte du roulement des essieux est 19 fois plus faible que celle qui résulte du glissement sur une surface plane ; donc enfin, si un vagon que traîne un cheval en employant toutes ses forces venait, tout à coup, à se transformer en traîneau, il faudrait 19 chevaux pour le traîner. Cela suffit pour montrer quel immense avantage on trouve à employer des voitures pour transporter des fardeaux.

Les freins qui, en arrêtant les roues, en les empêchant de tourner, les forcent à glisser sur les rails, transforment réellement les vagons en traîneaux, et par conséquent rendent 19, 20 fois, et même, suivant le rapport existant entre le diamètre des roues et celui des essieux, 30 fois plus considérables les résistances qui s'opposent à la marche des trains.

Le nombre des roues n'influe en rien sur la grandeur de ces résistances car il n'a pour résultat que de multiplier les surfaces frottantes, et l'expérience a prouvé que la grandeur de ces surfaces, pas plus que leur vitesse, n'ajoute ni ne diminue le frottement, qui est proportionnel seulement au poids dont elles sont chargées.

SEPTIÈME CAUSERIE

LA MESURE DES FORCES

Les forces peuvent être plus ou moins grandes. Comme toutes les choses plus ou moins grandes, elles sont susceptibles d'être mesurées. Qui dit force dit cause. Comme on ne peut juger d'une cause que par les effets qu'elle produit, comme on ne peut la mesurer que par la grandeur de ses effets, il importe avant tout de bien se rendre compte de ce que, sous le rapport du plus ou du moins, peuvent produire les causes.

Un homme peut porter deux sacs de blé sur ses épaules; un autre n'en peut porter qu'un seul. Vous croyez le premier plus fort que le second. C'est peut-être juger un peu trop vite. Votre Hercule ne peut transporter ses deux sacs qu'à vingt pas du lieu où il les a pris. Son camarade n'en porte qu'un, mais il le porte à un kilomètre. Il a certainement fait plus d'ouvrage que son concurrent ; il a montré avoir une force plus grande. Pour juger de la grandeur d'une force, il faut donc tenir compte non-seulement du poids soulevé ou transporté, mais aussi de la hauteur ou de la distance à laquelle il a été soulevé ou transporté.

Et ce n'est pas tout encore. Deux hommes montent chacun un sac de blé au grenier. Ne vous pressez pas d'en conclure qu'ils sont d'égale force. L'un a mis, pour faire cela, 5 minutes, et l'autre en a mis 15. Le premier est évidemment plus fort que le second. Il est vrai que le résultat obtenu par chacun d'eux est le même, car ils ont monté, l'un et l'autre, le même poids à la même hauteur. Mais n'est il pas manifeste que, si le premier de nos deux hommes le voulait, ce résultat serait différent ? Pendant que son camarade monte encore l'escalier avec sa charge, débarrassé de la sienne, il pourrait le redescendre, monter un second sac de blé, et avoir ainsi, dans le même temps, fait le double ou même le triple d'ouvrage. Or, c'est l'ouvrage possible qui est la véritable mesure de la force.

La résistance vaincue, l'espace parcouru, le temps mis à le parcourir, voilà trois choses qu'il faut absolument considérer lorsqu'on veut se rendre compte de la grandeur d'une force. C'est là un principe que nous engageons très vivement le lecteur à ne pas perdre de vue, sous peine de ne pas comprendre un mot de ce qu'il nous reste à dire.

Pour mesurer du drap, des distances, etc.,

on compare ce qu'on veut mesurer avec une
certaine longueur arbitrairement choisie, mais
invariable. Pour nous, Français, ce type de
comparaison, cette unité de mesure, c'est le mètre. De même, pour mesurer les forces, il a
fallu choisir une force toujours la même, à laquelle on pût rapporter toutes les autres. Cette
force, c'est celle qu'il faut déployer pour élever
un kilogramme à un mètre de hauteur en une
seconde. Cette force-type a reçu les deux noms
de *dynamie* et de *kilogrammètre*.

Quelquefois, pour terme de comparaison,
pour unité de mesure, au lieu du kilogrammètre,
on prend ce qu'on nomme le *cheval-vapeur*, qui
représente 75 kilogrammètres, c'est-à-dire la
force nécessaire pour élever 75 kilogrammes à
un mètre de hauteur dans une seconde.

Pourquoi ce nombre bizarre de 75 kilogrammes? C'est que, lorsqu'on inventa les machines
à vapeur, on les employa principalement à extraire du charbon du fond des mines, et qu'on
appela machine de 20, de 30, de 40 chevaux
celles qui faisaient l'ouvrage qui avait, jusque-
là, exigé l'emploi d'un même nombre de chevaux. Or, on reconnut que ces machines éle-
vaient 20, 30, 40 fois 75 kilogrammes de charbon à un mètre de hauteur dans une seconde,
d'où on conclut qu'un cheval pouvait élever 75
kilogrammes en une seconde à un mètre de
hauteur. Telle est, en effet, la force d'un cheval
très vigoureux; mais, comme un cheval a besoin
de se reposer, tandis qu'une machine, si on le
veut, travaille jour et nuit, on se tromperait fort
si on croyait pouvoir remplacer une machine de

cent chevaux-vapeur par cent chevaux véritables. Il en faudrait près de trois fois ce nombre.

La condition essentielle d'une unité de mesure
est d'être invariable. On peut reprocher à celle
choisie pour mesurer les forces de pêcher contre
cette règle, car nous avons vu que l'effort à faire
pour soulever un kilogramme varie suivant qu'on
se trouve sur une montagne ou au bord de la
mer, sous l'équateur ou près des pôles. Cela est
vrai, mais ces différences sont si faibles qu'on
peut, sans inconvénient, les négliger et regarder
la pesanteur, l'attraction terrestre comme une
force invariable.

Toutes les forces n'ont pas pour résultat d'é-
lever des poids. Comment dès lors les comparer
avec l'effort nécessaire pour élever, en une seconde, un kilogramme à un mètre de hauteur?
Cela est toujours possible. Nous en avons déjà
donné un exemple en mesurant les résistances
dues au frottement. Nous en exposerons d'autres
lorsque nous aurons à mesurer la force des différentes machines.

Revenons, pour mieux le graver dans l'esprit
du lecteur, sur ce que nous avons dit touchant
les résultats, ou, ce qui est la même chose, touchant la grandeur des forces.

La grandeur de l'obstacle vaincu et, dans le
cas particulier qui nous occupe, l'importance du
poids soulevé ne suffit pas pour déterminer la
grandeur d'une force. On n'en peut conclure
que ce que nous appellerons sa *puissance*.

Pour l'apprécier tout entière, il faut aussi tenir compte de la hauteur à laquelle le poids à
été élevé et du temps mis à l'élever, c'est-à-dire

de la *vitesse* du mouvement ascensionnel imprimé au poids. On sait que la vitesse n'est autre chose que l'espace parcouru dans une seconde et que, lorsqu'on dit que la vitesse d'un convoi est de 12 mètres, cela signifie que, par seconde, le convoi parcourt 12 mètres ou 43 kilomètres et 200 mètres par heure.

Les trois éléments que, tout à l'heure, nous disions devoir être considérés quand on veut juger de la grandeur d'une force peuvent donc se réduire à deux : la puissance et la vitesse. Ces deux choses sont tellement liées entre elles qu'on ne peut augmenter l'une sans que l'autre diminue dans la même proportion. Ce sont comme deux *facteurs* dont la force est le produit. Ainsi, une force qui suffit pour soulever un kilogramme avec une vitesse d'un mètre, pourra bien en soulever 10, mais avec une vitesse 10 fois plus petite. De même, elle pourra donner naissance à une vitesse 100 fois plus grande, mais en ne soulevant plus qu'un poids 100 fois plus petit.

Une machine soulève 12,000 kilogrammes à 36 mètres de hauteur en 10 minutes; quelle sera sa force? Comme il y a 600 secondes en 10 minutes, en une seconde elle soulèvera un poids 600 fois plus faible ou 20 kilogrammes. Si, au lieu de soulever ces 20 kilogrammes à 36 mètres, elle ne les soulevait qu'à un mètre, elle pourrait soulever un poids 36 fois plus grand, c'est-à-dire 720 kilogrammes. Sa force sera donc de 720 kilogrammètres.

De ce que l'effet produit par une force est, à la fois, puissance et vitesse, et de ce que ces deux choses sont tellement solidaires entre elles que, si on ne change rien à la force, l'une ne peut doubler, tripler, quadrupler, etc , etc., sans que l'autre ne devienne deux fois, trois fois, quatre fois plus petite, on a conclu ce principe fondamental en mécanique que *tout ce qu'on gagne en puissance on le perd en vitesse*, et réciproquement que *tout ce qu'on gagne en vitesse on le perd en puissance*.

Nous disons que ce principe est fondamental : en effet, à lui seul, il nous suffira pour rendre raison de l'action des principales machines. En ne le perdant pas de vue, nous pouvons donc, à présent, abandonner le terrain des considérations générales pour aborder les questions plus spécialement pratiques.

PARTIE PRATIQUE

—

PREMIÈRE CAUSER E

LE LEVIER. — LA BALANCE. — LA ROMAINE, ETC.

La première partie de notre travail était surtout théorique. Celle-ci sera surtout pratique. Il ne faut pas cependant que cette division ait pour résultat de confirmer le lecteur dans cette opinion trop généralement répandue que la pratique et la théorie sont deux choses distinctes et qui peuvent être complétement séparées l'une de l'autre. De quelque manière qu'on s'y prenne, on ne pourra jamais faire de théorie ni de pratique absolument pures. Quand les mathématiciens me disent que les triangles en général ont telles propriétés, il m'est impossible de ne pas faire, dans mon esprit, l'application de ce qu'ils m'enseignent à quelque triangle particulier. L'ouvrier qui n'a été à aucune école et qui croit, pour cela, n'avoir aucune théorie, se trompe grandement. Il suit des règles que l'expérience lui a apprises ; il a une théorie incomplète et obscure qui le guide, et sans laquelle il ne ferait rien de bon.

La question de savoir à qui donner la préférence de la théorie ou de la pratique est absurde, car ces deux choses, si elles pouvaient être
séparées l'une de l'autre, seraient sans aucune
valeur. A quoi serviraient des règles qu'on ne
saurait pas appliquer? A quoi servirait un travail qui ne serait dirigé par aucune règle? En divisant, comme nous l'avons fait, en deux parties
cette exposition très élémentaire de la science des
forces, nous avons seulement voulu indiquer que,
dans l'une, dominait la théorie et, dans l'autre, la pratique. On a vu, en effet, qu'autant que
nous l'avons pu sans tomber dans de trop longues digressions, nous avons fait suivre chaque
règle de quelques applications usuelles. En suivant la même méthode, actuellement que nous
allons plus spécialement nous occuper des applications, nous ferons en sorte de ne pas perdre de
vue les règles auxquelles elles se rapportent.

Nous avons dit que la mécanique est une
science ayant pour objet l'utilisation des forces,
et que les machines ne sont autre chose que les
moyens matériels par l'emploi desquels les forces
peuvent être utilisées. Nous commencerons l'é-
tude des machines par celles qui sont les plus
simples et qui, inventées les premières, ont servi, en se combinant entre elles, à en construire
d'autres beaucoup plus compliquées.

La plus simple de toutes est certainement le
levier, qui n'est autre chose qu'une barre de
bois ou de métal sur deux points différents de
laquelle agissent deux forces différentes, et qui,
par une autre de ses parties, repose et peut
osciller sur un point d'appui immobile.

Prenez une règle, posez-la sur un crayon placé en travers relativement à elle ; placez un poids quelconque sur chacun des bouts de la règle, et vous aurez un levier. Si le crayon est exactement au milieu de la règle et si les deux poids qu'elle supporte sont égaux, la règle se maintiendra en équilibre dans une position horizontale et cela se conçoit, car les choses étant parfaitement égales à droite et à gauche du point d'appui, il n'y a pas de raison pour qu'un point du levier s'incline plus que l'autre.

Enlevons actuellement les deux poids et reculons le point d'appui de manière à partager la règle en deux parties dont l'une soit double de l'autre. Ces deux parties se nomment les bras du levier. Plaçons un poids d'un kilogramme à l'extrémité de la partie la plus courte. Ce poids, ce morceau de métal, attiré par la terre, fera incliner cette extrémité jusqu'à ce qu'elle touche au tapis de votre table. Quel poids faudra-t-il mettre à l'extrémité de l'autre bras pour forcer la règle à reprendre la position horizontale ?

Que voulons-nous obtenir ? l'équilibre. Nous ne l'obtiendrons qu'en faisant agir sur les deux bras du levier deux forces égales qui s'entre-détruisent. Mais les forces ne consistent pas seulement dans leur puissance ; elles consistent aussi dans leur vitesse. Pour que la règle reprenne la position horizontale, il faut que celle de ses deux extrémités, qui ne porte encore aucun poids et qui est la plus élevée, s'abaisse, et que l'autre extrémité s'élève. Deux mouvements auront donc lieu en sens opposé. Si peu que vous y réfléchissiez, vous verrez, ce que d'ailleurs la géo-métrie démontre, que le mouvement de l'extré-mité du bras que nous avons supposé être deux fois plus long que l'autre sera deux fois plus grand que celui de l'autre extrémité. Comme ces deux mouvements ont lieu dans le même temps, la vitesse du premier sera double de celle du second.

Puisque la force que nous appliquerons à l'ex-trémité du grand bras du levier agira avec une vitesse double de la vitesse de celle qui agit sur l'extrémité de l'autre bras, pour que l'action des deux forces soit la même, il suffira que la puissance de la première soit la moitié de la puisance de la seconde. La puissance agissant sur le petit bras du levier était un kilogramme, pour lui faire équilibre, il suffira de charger l'ex-trémité du grand bras d'un demi-kilogramme.

Afin d'être plus intelligibles, nous avons sup-posé qu'un des bras du levier était deux fois plus long que l'autre. Il pourrait être 3 fois, 4 fois, 10 fois, 100 fois plus long. Dans ces diffé-rents cas le mouvement et par conséquent la vitesse de son extrémité étant 3 fois, 4 fois, 10 fois, etc., etc., plus considérable que celle de l'extrémité de l'autre bras, pour établir l'équili-bre, il suffira d'un poids 3 fois, 4 fois, 10 fois, etc., etc., plus petit que celui dont est chargée l'extrémité du bras le plus court. C'est ce qu'ex-prime cette règle générale que *pour qu'un levier soit en équilibre, il faut que les puissances qui agissent sur l'extrémité de chacun de ses bras soient en raison inverse de la longueur de ces mê-mes bras.*

Sans entrer dans tant d'explications, nous aurions pu vous renvoyer à ce que nous avons dit, page 31, au sujet du mode d'action des forces parallèles, car les poids placés aux extrémités des bras du levier correspondent à des *composantes* dont la *résultante* passe nécessairement par le point d'appui du levier, puisque, si elle avait son point d'application ailleurs, c'est-à-dire sur l'un ou sur l'autre des bras, comme, en sa qualité de résultante, elle peut être considérée comme la seule force qui soit en action, il s'ensuivrait qu'un seul des bras étant soumis à l'action d'une force, l'équilibre serait impossible. Si nous avons préféré vous faire envisager les choses d'un autre point de vue, c'est que nous tenions à vous montrer combien les différentes propositions de la science se confirment l'une l'autre.

Comme le levier est la plus simple des machines, pour bien comprendre les autres, il est indispensable de bien comprendre celle là. Au moyen d'un levier, un enfant peut soulever une pierre de taille que quatre hommes ne soulèveraient pas. En effet, supposons que cette pierre pèse 500 kilogrammes. Supposons de plus, pour choisir des chiffres qui, en quelque sorte, parlent d'eux-mêmes, que l'enfant prenne une barre de 102 centimètres de longueur, qu'il en engage un bout sous la pierre, qu'il en soulève l'autre bout autant qu'il le pourra, à 50 centimètres du sol, par exemple, et qu'il glisse sous cette même barre, tout près de la pierre, un petit rouleau reposant sur un terrain très solide, de manière à ce que ce point d'appui se trouve placé à 2 centimètres seulement de l'extrémité engagée sous le bloc à soulever. Il suffira que l'enfant exerce sur l'extrémité libre de ce levier une action égale à celle qu'exercerait un poids de 10 kilogrammes, pour que cette extrémité s'abaisse et pour que l'autre, en se soulevant, soulève le bloc de pierre. En effet, puisque le grand bras du levier a 100 centimètres de longueur, il est 50 fois plus long que le petit, qui n'est long que de 2 centimètres. Il suffira donc, pour obtenir l'équilibre, de le charger d'un poids 50 fois plus petit que le poids de la pierre, qui est de 500 kilogrammes, c'est à dire de 10 kilogrammes.

Puisque l'enfant a pu faire, au moyen du levier, ce qu'il n'aurait pu faire sans cela, faut-il en conclure que le levier lui a donné une force qu'il n'avait pas? C'est ce qu'on est porté trop souvent à croire, et c'est là l'erreur qui, en mécanique, est la mère de toutes les autres.

Cet enfant, qu'a-t-il fait? Il a soulevé 500 kilogrammes, mais en combien de temps et à quelle hauteur? Pour ce qui est du temps, admettons que ce soit en une seconde. Quant à la hauteur, nous la connaissons. Puisqu'en pesant dessus, l'enfant a abaissé jusqu'à terre le bout de son levier qui était à une hauteur de 50 centimètres, le bout de l'autre bras du levier qui n'était que de 2 centimètres, c'est-à-dire 50 fois plus court, n'a pu s'élever que d'une quantité 50 fois moindre, c'est à-dire d'un centimètre. Tout ce qu'a fait l'enfant s'est donc réduit à élever, dans une seconde, d'un centimètre, 500 kilogrammes, ou, ce qui est la même chose, d'élever dans le même temps, un poids 100 fois plus petit ou

5 kilogrammes, à une hauteur 100 fois plus grande, c'est-à-dire à un mètre. Or, élever 5 kilogrammes à un mètre était chose qu'il pouvait faire très facilement. Le levier n'a donc rien ajouté à ses forces, mais lui a permis seulement de les mieux employer en gagnant en puissance tout ce qu'il perdait en vitesse. Au lieu de donner à la pierre la vitesse de sa main qui était assez grande, 50 centimètres par seconde, il s'est contenté de lui donner une vitesse 50 fois moindre, ce qui lui a permis d'exercer une action 50 fois plus forte.

Si on voulait répéter les expériences que nous venons d'indiquer, on trouverait quelques différences dans les résultats, parce que nous n'avons tenu aucun compte du poids du levier lui-même. Les lois qui président à la *composition* des forces parallèles permettent de calculer exactement la part qu'il convient de faire à l'action de ce poids, mais c'est là un de ces détails auxquels nous ne pouvons nous arrêter sans dépasser les limites que nous nous sommes fixées.

La *balance* qui sert ordinairement à peser les marchandises est un levier dont les bras sont égaux et qui, par conséquent, ne prend la position horizontale que lorsque les plateaux suspendus à l'extrémité de ses bras sont vides ou chargés de poids égaux. Ce levier porte le nom de *fléau*. Pour éviter que l'équilibre en soit instable et que la balance n'oscille au moindre mouvement, on a soin d'abaisser son centre de gravité en soudant à la partie inférieure du fléau et à son milieu un morceau de fer de forme ordinairement triangulaire. Le point d'appui sur lequel repose le fléau se compose d'un *couteau* ou lame tranchante portant sur des *coussinets* en métal, s'appuyant eux-mêmes sur le support de la balance.

On a vu quelquefois des marchands assez peu scrupuleux pour se servir de balances fausses, c'est-à-dire dont les bras n'avaient pas la même longueur. Par ce moyen, ils volaient leurs pratiques, car, s'ils mettaient un kilogramme dans le plateau suspendu au bras le plus court, un poids plus faible placé dans l'autre plateau suffisait pour ramener le fléau à la position horizontale. Le meilleur moyen de découvrir cette fraude, c'est, lorsqu'on vous a pesé du pain, par exemple, de prendre le poids que le boulanger a mis dans un des plateaux et de le mettre dans celui où était le pain, en mettant le pain dans le plateau où était le poids. Si, après cet échange, le fléau reste horizontal, la balance est juste, si le côté où était le pain vient à s'abaisser plus que l'autre, ce sera une preuve que vous êtes volé.

Il existe une autre sorte de balance, la *romaine*, qui est un levier à bras inégaux. Sur le grand bras sont gravées des divisions indiquant des kilogrammes et des fractions de kilogrammes. Sur ce grand bras glisse un poids auquel on a donné le nom de *peson*, qu'on peut rapprocher plus ou moins du point d'appui. A l'extrémité du petit bras se trouve suspendu un crochet ou un plateau destiné à recevoir les objets qu'on veut peser; quand ces objets y sont placés ou accrochés, on éloigne le peson du point d'appui jusqu'à ce que les bras de la romaine prennent la position horizontale et, si elle est bien construite, l'indication gravée sur le grand bras et qui se trouve toucher le peson vous donnera, avec une suffisante exactitude, le poids de la marchandise.

Comment cela se fait-il? Demandons-le à l'enfant dont nous parlions tout à l'heure. Si, au lieu de 500 kilogrammes, la pierre qu'il avait à soulever n'en avait pesé que 250, au lieu d'agir sur l'extrémité du grand bras de son levier, il aurait pu agir seulement sur un point situé à moitié de sa longueur, c'est-à-dire à 50 centimètres du point d'appui. Si la pierre n'avait pesé que 100 kilogrammes, il aurait pu placer ses mains à 20 centimètres de ce même point d'appui. Cela ressort de tout ce que nous avons dit précédemment. Suivant que la pierre aurait été plus ou moins lourde, les mains de l'enfant se seraient donc rapprochées ou éloignées du point d'appui et c'est là précisément ce qu'on fait faire au peson de la romaine.

Quelquefois le petit bras de cet instrument porte à son milieu un second crochet. Quand on se sert de ce crochet, c'est comme si on diminuait de moitié la longueur du petit bras. Il en résulte que, pour qu'avec un même poids de marchandises, la romaine soit en équilibre, on a à écarter le peson du point d'appui d'une distance moitié moindre que lorsqu'on faisait usage du premier crochet, que par conséquent les indications gravées sur le grand bras doivent se compter double et enfin que, si la romaine ne pouvait peser au delà de 10 kilogrammes, elle pourra, alors, en peser 20.

Pour vérifier si une romaine est juste, il n'y a d'autre moyen que de suspendre successivement à son crochet 1, 2, 3 kilogrammes, etc., etc., et de voir, en faisant à chaque fois glisser suffisamment le peson pour produire l'équilibre, si les divisions auxquelles il s'arrête correspondent exactement à ces différents poids. Comme cela est trop long pour qu'on puisse l'exiger des marchands; il faut, autant que possible, préférer l'emploi des balances ordinaires à bras égaux.

Pour peser les choses d'un très grand poids, telles que les charrettes, les wagons, etc., on se sert de *bascules* qui se composent de leviers à bras inégaux agissant les uns sur les autres. On conçoit, en effet, que si, au moyen d'un levier, on peut avec un poids de 10 kilogrammes en soulever un de 100, on pourra faire agir cette puissance équivalente à 100 kilogrammes sur un nouveau levier et soulever ainsi 1,000 kilogrammes qui, agissant encore sur un troisième levier en soulevant 10,000 et par conséquent que, grâce à ces divers leviers agissant les uns sur les autres, on pourra avec 10 kilogrammes, faire équilibre à 10,000 kilogrammes, avec 9 kilogrammes faire équilibre à 9,000 kilogrammes, etc., etc., ou ce qui revient au même, peser un vagon ayant un de ces poids.

Jusqu'ici, nous avons supposé le point d'appui placé entre l'enfant et la pierre, c'est-à-dire entre la force agissante et la force résistante. On construit encore des leviers d'une autre espèce, dans lesquels le point d'appui se trouve tout à fait à l'extrémité de la barre de bois ou de fer, dont le levier se compose.

Supposez une planche posée à terre. Sur un point quelconque de ce cette planche posez un poids. Cela fait, soulevez un des bouts seulement de cette planche et le poids dont vous venez de la charger par conséquent. Croyez-vous qu'il vous faudra faire un effort égal à celui que vous auriez dû faire si vous aviez tout simplement soulevé ce poids avec votre main ?

Pour mieux fixer nos idées, posons quelques chiffres et ne tenons aucun compte du poids de la planche elle-même. Supposons qu'elle ait 2 mètres de longueur, que le poids dont nous la chargeons soit de 100 kilogrammes et que, pour commencer, nous le placions à moitié de la longueur de cette planche.

Notre point d'appui c'est la terre sur laquelle s'appuiera le bout de la planche opposé à celui que nous soulèverons. Nous appellerons *petit bras* du levier la distance entre le poids et le point d'appui, laquelle, dans le cas actuel, est d'un mètre, et *grand bras* la distance entre ce même point d'appui et le bout libre de la planche sur lequel nous agirons, distance que nous avons supposée de deux mètres.

L'espace que nous ferons parcourir à cette extrémité du grand bras en soulevant le bout de la planche étant double que celui que, dans le même temps, parcourra le poids placé à moitié distance entre notre main et le point d'appui, nous aurons opéré avec une certaine vitesse pour donner au poids une vitesse moitié moindre ; cette perte sur notre vitesse doit être compensée par une augmentation proportionnelle de notre puissance. Donc, pour soulever ces 100 kilo-

grammes, il nous suffira d'un effort égal à celui
que nous aurions dû faire pour soulever directement 50 kilogrammes avec notre main, sans le
secours du levier. Nous n'avons pas besoin
d'ajouter que, si le poids, au lieu d'être placé
au milieu de la longueur de la planche, était
placé à son quart, à son cinquième, à son
dixième, etc., etc.; du côté du point d'appui,
cet effort ne serait égal qu'à celui que nous aurions à faire pour soulever directement avec la
main 25, 20, 10 kilogrammes, etc., etc.

Quelquefois, au lieu de se servir du levier pour
obtenir de la puissance aux dépens de la vitesse,
on s'en sert pour obtenir de la vitesse aux dépens de la puissance. Si, au lieu de placer le
poids de 100 kilogrammes au milieu, au tiers,
au quart de la longueur de la planche, vous le
placiez à son extrémité libre, c'est-à dire le plus
loin possible du point d'appui et si, au moyen
d'un anneau que vous attacheriez à la moitié de
sa longueur, par exemple, vous souleviez la
planche, dont nous supposons le bout qui ne
porte aucun poids attaché à la terre par un
moyen quelconque, les choses se passeraient
d'une manière contraire à celle dont nous venons de parler. Votre main ne ferait qu'un mouvement moitié plus petit que celui que ferait le
poids, mais, précisément par cette raison, pour
soulever ainsi ces 100 kilogrammes, vous auriez
à faire un effort égal à celui que vous feriez pour
soulever directement un poids double.

Donc, et ceci n'est que la répétition de la règle
que nous avons déjà posée, donc, quelle que soit
la disposition du levier, pour obtenir l'équilibre,

il faut que la *grandeur de la puissance soit à la grandeur de la résistance comme la longueur du bras de la résistance est à la grandeur du bras de la puissance.*

DEUXIÈME CAUSERIE

LE TREUIL. — LES ENGRENAGES. — LE CRIC.

On nomme *treuil* un cylindre ou rouleau ordinairement en bois qui est traversé dans toute sa longueur par une barre de fer appelée *axe* ou *essieu* dont les bouts arrondis reposent sur de petits blocs de fonte ou de bronze et qu'on nomme *coussinets*. Un des bouts de cet axe se prolonge au delà de son coussinet et porte une manivelle. Sur un des points du cylindre se trouve attachée une corde à l'extrémité de laquelle est suspendu un poids.

Si vous faites faire, au moyen de la manivelle, un tour au cylindre, qu'arivera-t-il? Il arrivera d'abord que votre main aura parcouru une circonférence de cercle dont la longueur de la partie droite de la manivelle sera le rayon, et, d'un autre côté, que la corde s'étant enroulée d'un tour sur le cylindre, le poids se sera élevé d'une hauteur égale à la longueur d'une circonférence ayant pour rayon le rayon du cylindre.

Si le rayon du cylindre était égal à la partie droite de la manivelle, les deux mouvements seraient égaux, et, pour soulever le poids au moyen du treuil, si on ne tient pas compte du frottement de l'axe, de la pesanteur de la corde, etc., vous feriez un effort égal à celui que vous feriez pour le soulever directement avec votre main. Si, au contraire, comme cela a lieu ordinairement, la longueur de la manivelle était trois ou quatre fois plus grande que celle du rayon du cylindre, votre main parcourrait un espace trois ou quatre fois plus grand que celui parcouru dans le même temps par le poids, et l'effort que vous auriez à faire serait, par conséquent, trois ou quatre fois plus petit.

Considérez le rayon du cylindre comme le petit bras d'un levier dont les coussinets seraient le point d'appui et la manivelle comme le grand bras de ce levier, et vous comprendrez qu'il ne s'agit ici que d'un cas particulier du principe général que nous avons posé dans la causerie précédente.

Comme il est difficile, en pratique, que la différence entre la longueur de la manivelle et le rayon du cylindre soit fort grande, le treuil ne peut nous donner qu'une augmentation, non pas de force, mais de puissance assez limitée. On peut la rendre plus considérable au moyen d'un engrenage.

Nous ne perdrons pas notre temps à vous dire ce qu'est un engrenage. Vous en avez certainement vu plus d'une fois. Cherchons seulement ensemble à comprendre comment les engrenages fonctionnent et comment ils peuvent être utiles.

Sur notre treuil, à la place de la manivelle, fixons une roue dentée d'un rayon que nous supposerons être trois fois plus grand que celui du cylindre. Faisons engrener cette roue dentée avec une plus petite roue également dentée, ou *pignon*, dont le rayon sera égal à celui du cylindre, et, sur l'axe de ce pignon, replaçons notre manivelle. Voyons ce qui arrivera quand vous aurez fait faire un tour complet à cette dernière.

Le pignon placé sur le même axe qu'elle aura également fait un tour. Supposons qu'il ait six dents : la roue dentée dont le rayon est trois fois plus grand, en aura 18 ; sur les 18 dents, 6 seulement auront été poussées par les dents du pignon ; la roue dentée, et par conséquent le cylindre du treuil, n'auront fait qu'un tiers de tour. La corde ne se sera enroulée que sur le tiers de la circonférence du cylindre, et, comme cette circonférence n'est que le tiers de celle qu'aura décrite votre main en faisant faire un tour complet à la manivelle, le poids ne se sera élevé que du tiers du tiers, c'est-à-dire du neuvième de l'espace parcouru par votre main. Donc, la vitesse de votre main s'étant transformée, en se communiquant au poids, en une vitesse neuf fois plus petite, sa puissance doit être devenue neuf fois plus grande ; donc vous pouvez soulever 900 kilogrammes sans plus d'effort que vous n'en mettriez à soulever 100 kilogrammes en ne vous servant ni de treuil ni d'engrenage.

Le treuil seul aurait triplé votre puissance, parce que la longueur de la partie droite de la manivelle était triple de celle du rayon du cylindre. L'engrenage a triplé cette puissance déjà triplée, parce que le rayon de la roue dentée était le triple de celui du pignon. Le rayon de la roue dentée et celui du pignon agissent à la manière des deux bras du levier. Il ne s'agit donc, ici encore, que d'une application particulière de la règle générale, application que nous pourrons formuler de cette manière : *Si on multiplie les uns par les autres les nombres qui expriment les longueurs des rayons des roues dentées, et les uns par les autres ceux exprimant les longueurs des rayons des pignons, le rapport entre ces deux produits sera celui qui doit exister entre le poids à soulever et la puissance nécessaire pour le soulever.*

Supposons, par exemple, un engrenage composé de trois roues dentées ayant chacune 30 centimètres de rayon, et de trois pignons dont le rayon serait seulement de 3 centimètres, nous aurions, d'une part, 30 multipliant 30, multipliant 30 ou 27.000, et, de l'autre, 3 multipliant 3, multipliant 3 ou 27. Puisque entre 27,000 et 27, le rapport est 1,000, ce rapport sera le même entre le poids à soulever et l'effort à faire pour le soulever. Donc, avec l'effort qui serait nécessaire pour élever un kilogramme, on pourra, mais avec une vitesse mille fois plus petite, en élever mille. Avec un levier on obtiendrait le même résultat. Mais, pour cela, il faudrait qu'un des bras du levier fût mille fois plus long que l'autre, chose qui serait souvent impossible et toujours très incommode en pratique. Aussi, lorsqu'il est nécessaire d'opérer avec une très petite vitesse afin d'avoir une grande puissance, préfère-t-on généralement l'emploi des engrenages.

On utilise cependant quelquefois les engrenages dans un but tout contraire. Pour cela, il suffit d'agir directement sur la roue dentée, au lieu d'agir sur le pignon. Pour mieux le comprendre, construisons un treuil dont le cylindre ait 0^{m}40 de rayon. Sur l'axe de ce cylindre fixons non plus une roue dentée comme tout à l'heure, mais un pignon dont le rayon aura 0^{m}10. Sur ce pignon faisons engrener une roue de 0^{m}30 de rayon, sur l'axe de laquelle se trouvera une manivelle dont la partie droite aura aussi 0^{m}30.

Quand nous aurons fait faire un tour entier à la manivelle, notre main aura parcouru la circonférence d'un cercle ayant 0^{m}30 de rayon, soit 1^{m}8846. La roue dentée aura aussi fait un tour entier, et, comme son rayon est le triple de celui du pignon, elle aura forcé le pignon, et par conséquent le cylindre à faire trois tours. La circonférence du cylindre était de 2^{m}5128, la corde en s'enroulant trois fois sur cette circonférence soulèvera le poids à une hauteur de 7^{m}5384. La vitesse de ce poids étant donc 4 fois plus grande que celle de notre main, il s'ensuivra que nous ne pourrons soulever qu'un poids 4 fois plus petit que celui que nous aurions soulevé directement sans l'intervention de l'engrenage.

Nous aurions pu, par un calcul bien simple, prévoir d'avance ce résultat. Le rapport entre la longueur de la manivelle, 0^{m}30, et le rayon du cylindre, 0^{m}40, étant trois quarts, le treuil, à lui seul, ne nous aurait laissé que les trois quarts de notre puissance. Le rapport entre le rayon du pignon, 0^{m}10 et celui de la roue dentée, 0^{m}30, étant d'un tiers, l'engrenage ne peut nous laisser que le tiers de ces trois quarts, ou que les trois douzièmes, c'est-à-dire que le quart de notre puissance.

Nous pourrions procéder autrement encore : multiplier l'un par l'autre les nombres exprimant la longueur de la manivelle et celle du rayon du pignon, ce qui nous donnerait $0^m,03$, et l'un par l'autre ceux qui expriment les rayons du cylindre et de la roue dentée, ce qui nous donnerait $0^m,12$, et nous trouverions encore que le rapport entre ces deux produits est un quart.

Il est quelquefois utile de perdre ainsi de la puissance pour gagner de la vitesse. Vous en avez un exemple dans les horloges. Il faut certainement une bien petite force pour faire avancer les aiguilles. Pourquoi donc employer des poids aussi lourds que ceux que nous voyons ? C'est qu'on ne veut remonter ces poids que tous les huit jours. Si dans les huit jours ils ont descendu de $1^m,60$, ils auront parcouru par jour $0^m,20$. La roue qui fait marcher le balancier fait souvent jusqu'à un tour par minute. Supposons que sa circonférence soit égale à $0^m,30$, un point quelconque pris sur cette circonférence parcourra $0^m,30$ par minute, 18 mètres par heure et 432 mètres par jour. Sa vitesse sera donc 2,160 fois plus grande que celle du poids. Il faut donc que l'action du poids soit au moins 2,160 fois plus grande que celle qui serait nécessaire pour faire marcher cette roue si sa vitesse était égale à celle du poids lui-même. On a voulu changer une vitesse très petite, celle du poids, en une vitesse très grande, celle de la roue qui conduit le balancier ; on y est parvenu au moyen d'engrenages, mais en se résignant à prendre la peine de remonter un poids très lourd pour produire un très petit effet.

Si ce qui précède a été bien compris, on doit voir, à présent, combien est absurde l'opinion qu'au moyen de leviers, de treuils, d'engrenages, etc., on puisse augmenter ou créer une force quelconque. Il n'y a pas de poids au monde que je ne puisse monter de la cave au grenier de ma maison. Tout est affaire de temps. S'agitil d'une pierre énorme pesant dix mille kilogrammes, par exemple? Je puis la scier en deux cents morceaux, et, en y employant toute ma force, je monterai successivement tous ces morceaux à la hauteur prescrite. Je mettrai à cela quinze ou seize heures, si vous voulez, en ne comptant pas le temps employé chaque fois à redescendre mon escalier. Hé bien! soyez assuré qu'avec tous les engrenages possibles, soit que vous la preniez en bloc, soit que vous la mettiez en morceaux, si vous ne dépensez qu'une force égale à la mienne, vous ne ferez pas monter cette pierre à la même hauteur en un temps plus court.

Les engrenages ne sont pas des créateurs, ce sont des *voleurs* de force. En effet, si, après l'avoir chargé sur mes épaules, je monte un sac de farine au grenier, ma force aura été uniquement employée à mettre en mouvement ce sac de farine. Si je fais usage d'un treuil et d'un engrenage, comme une partie de ma force sera employée à mettre en mouvement les pièces de cette machine et, en même temps, la charpente sur laquelle elle repose, qui, aussi solide qu'elle soit, comme le prouvent ses vibrations, participe toujours un peu à ce mouvement, comme une partie en aura été employée aussi à vaincre une foule de frottements et de résistances diverses, en fait, il m'en restera moins pour transporter mon sac de farine, et je mettrai plus de temps pour le faire arriver à mon grenier que si je l'y avais tout simplement montésur mon épaule.

C'est donc une règle de sens commun de ne jamais se servir d'engrenages quand on peut s'en dispenser, c'est-à-dire quand on n'est pas obligé, pour arriver au but qu'on se propose, d'augmenter, dans les effets de la force dont on dispose, la puissance aux dépens de la vitesse ou la vitesse aux dépens de la puissance. Lorsqu'on est forcé d'employer des engrenages, il faut en réduire autant que possible les éléments, c'est-à-dire le nombre des roues et des pignons et ne jamais perdre de vue cette vérité, que démontrent à la fois l'expérience et le raisonnement, que plus une machine est compliquée, plus elle est vicieusement construite.

L'effet que produisent les engrenages peut être obtenu même sans l'emploi de pignons et de roues dentées. J'ai établi dans la cour de la maison que j'occupe un *manége*. Vous savez qu'en mécanique on donne ce nom à un arbre vertical pouvant tourner dans un trou garni d'un coussinet ou d'une *crapaudine*, et pratiqué dans une charpente ordinairement enfoncée dans la terre. A cet arbre est solidement fixé un *bras* ou pièce de bois horizontale à laquelle est attelé un cheval qui, en tournant, force l'arbre du manége à tourner.

A 12 mètres de cet arbre se trouve un atelier

où j'ai besoin qu'agisse, pour mettre en mouvement des laminoirs, des tours ou d'autres outils, la force que dépense mon cheval, en faisant faire à ces outils un nombre de tours cinq fois plus considérable que le nombre de tours qu'il fait lui-même.

Théoriquement, je le pourrais au moyen d'un engrenage ordinaire, en fixant sur cet arbre une roue dentée de dix mètres de rayon engrenant sur un pignon de deux mètres. Mais qui ne voit qu'en pratique la chose est impossible et qu'une roue dentée de vingt mètres de diamètre, outre l'embarras qu'elle causerait, coûterait des sommes exorbitantes? Je le pourrais aussi en multiplant beaucoup les roues et les pignons, qui pourraient alors être d'un faible diamètre; mais par là je ne ferais que multiplier les frottements de la manière la plus fâcheuse.

Au lieu de tout cela, j'enfile dans l'arbre du manége un *tambour* ou gros rouleau en bois, auquel je donne un rayon d'un mètre. Dans mon atelier, j'établis un autre tambour de 0^{m}20 de rayon, pouvant également tourner sur un axe; je fais passer sur ces deux tambours, de manière à les embrasser en partie tous les deux, une corde ou une courroie *sans fin*, c'est-à-dire dont les deux bouts sont attachés l'un à l'autre. Je donne à cette corde ou à cette courroie une longueur telle qu'elle demeure bien tendue, puis je fais à mon cheval le signal du départ.

En raison de son frottement sur le gros tambour, la courroie prendra la même vitesse que les différents points de sa circonférence. Or, cette circonférence étant d'environ 6^{m}282, chacun de ses points et par conséquent chacun des points de la courroie parcourra ces 6^{m}282 toutes les fois que l'arbre du manége et que le tambour qui y est attaché feront un tour entier.

La courroie, en vertu de son frottement sur le second tambour situé dans l'atelier, obligera chacun des points de la circonférence de ce même tambour à prendre cette vitesse de 6^{m}282. Mais cette circonférence n'étant que de 1^{m}2564, si le tambour ne faisait qu'une révolution, chacun de ses points ne prendrait que cette vitesse de 1^{m}2564. Pour qu'ils prennent celle de 6^{m}282, il faut qu'il fasse cinq tours pendant que le cheval et l'arbre du manége n'en font qu'un, car cinq fois 1,2564 font bien 6,282. Au moyen de ces deux tambours et d'une courroie, j'aurai donc obtenu, dans l'intérieur de mon atelier, la vitesse que je désirais.

Nous savons que les calculs reposant toujours sur la même base sont peu amusants ; nous les croyons indispensables néanmoins, car ce n'est qu'en multipliant les exemples qu'on peut arriver à bien se rendre compte du jeu des forces et des avantages ou des inconvénients que présentent les machines. Nous tâcherons, à l'avenir, d'être moins diffus, mais, en commençant, nous aurions craint que trop de concision n'eût amené quelque obscurité dans ces causeries. Quelques mots encore et nous en aurons fini avec les questions qui touchent à l'emploi des engrenages.

Le cric. — Cet instrument se compose d'un pignon pouvant tourner sur un axe dont une des extrémités est armée d'une manivelle et qui engrène avec une barre de fer droite et portant des dents égales à celles du pignon. Cette barre dentée a reçu le nom de *crémaillère*. Sur le sommet de la crémaillère se place le corps qu'il s'agit de soulever.

Comme les engrenages, d'ailleurs, le cric n'est autre chose qu'une application particulière du levier. Le point d'appui de ce levier se trouve dans les coussinets sur lesquels repose l'axe du pignon. Son grand bras, c'est la manivelle; son petit bras, c'est le rayon du pignon sur l'extrémité duquel agit la résistance, c'est-à-dire la crémaillère et le poids dont elle est chargée. En se rapportant à ce qui a été dit du levier, il est clair que la puissance qui agit sur la manivelle pourra être d'autant plus petite que la manivelle sera plus grande par rapport au rayon du pignon.

Ainsi, supposons qu'il s'agisse de soulever un poids de 500 kilogrammes. Si le point de la manivelle sur lequel vous agissez est à $0^m,30$ du centre de l'axe, et que le rayon du pignon ne soit que de $0^m,03$, le rapport entre ces deux nombres étant 10, il vous suffira d'exercer une action égale à celle que vous exerceriez pour élever directement un poids 10 fois moins considérable que ces 500 kilogrammes. Il est vrai que vous serez obligé d'imprimer à vos mains une vitesse 10 fois plus grande que celle qu'aura le poids de 500 kilogrammes que vous soulèverez.

Les emplois du cric sont très nombreux. On l'utilise même pour vaincre d'assez faibles résistances. Ainsi, c'est au moyen d'un petit cric dont la manivelle est remplacée par un simple bouton qu'on remonte le piston de ces lampes dites *à modérateur*, dont l'usage est aujourd'hui si répandu.

———

TROISIÈME CAUSERIE

LA POULIE. — LES MOUFLES. — LE PLAN INCLINÉ. — LA VIS.

Nous allons actuellement passer en revue divers instruments très simples qui, pour ne plus offrir d'analogie avec le levier, ne sont pas moins soumis à cette règle générale et sans exception que ce qu'on gagne en puissance on le perd en vitesse et que ce qu'on gagne en vitesse on le perd en puissance.

La poulie. — La poulie, dont nous n'avons pas à décrire la forme si connue par tout le monde, est un instrument qui n'a d'autre utilité que de changer la direction du mouvement en ne dépensant que le moins de force possible à vaincre les frottements auxquels ce changement de direction donne lieu.

Si j'attache un seau au bout d'une corde et si je le laisse descendre dans un puits, je pourrai le retirer plein d'eau sans faire autre chose que de tirer la corde à moi. Dans ce cas, ma main se meut de bas en haut, exactement comme le fait le seau lui-même et avec la même vitesse. Comme ce mouvement ne m'est pas commode, je puis trouver de l'avantage à le convertir en un mouvement de haut en bas qui me permettrait d'ajouter le poids de mon corps à la force musculaire de mes bras. Pour cela, je n'ai qu'à planter deux poteaux un peu longs de chaque côté de mon puits, qu'à fixer une traverse horizontale sur ces poteaux et qu'à faire passer la corde par-dessus cette traverse. Cela fait, si je tire sur la corde, autant s'abaisseront mes mains, d'autant s'élèvera le seau. J'aurai donc obtenu ce que je désirais, puisque j'aurai changé la direction du mouvement que j'ai à faire.

Mais le frottement de la corde sur la traverse sera considérable, et je dépenserai inutilement une partie de ma force à le vaincre. Pour remédier à cet inconvénient, je suspendrai à la traverse une poulie sur la gorge de laquelle je ferai passer la corde. Cette corde, alors, ne frottera plus sur rien. Elle ne fera, en quelque sorte, que se dérouler sur la circonférence de la poulie, dont le mouvement suit le sien. Le seul frottement qui subsistera sera celui de l'axe de la poulie sur les petits coussinets placés dans sa *chappe*. Or ce frottement est si doux, quand on a soin de verser de l'huile sur les parties en contact, pour être vaincu il exige si peu de force qu'on peut, en pratique, n'en tenir aucun compte.

Puisque la vitesse descendante de mes mains est toujours égale à la vitesse ascendante du seau, il est évident que je ne perds ni ne gagne rien en puissance, et que, sauf celui que j'en retire en pouvant prendre une position qui m'est plus commode, la poulie ne m'offre aucun avantage.

Il est un cas cependant où elle pourrait me rendre quelques services. En faisant monter à la fois le seau et l'eau qu'il contient, je soulève ce qu'on appelle un *poids mort*, c'est-à-dire un poids soulevé inutilement, qui est celui du seau lui-même. Si j'attache un second seau à l'extrémité libre de la corde de mon puits, il descendra à vide pendant que le seau plein montera et, en lui faisant équilibre, diminuera d'autant l'effort que j'aurai à faire.

Si la poulie simple n'est guère employée que lorsqu'il s'agit de modifier la direction des mouvements, il n'en est pas de même des poulies combinées entre elles de manière à former un *moufle*.

A l'anse du seau, que nous supposerons au fond du puits, attachons une poulie. Sous cette poulie faisons passer une corde dont nous attacherons un des bouts à la traverse dont nous avons parlé et dont nous tiendrons l'autre à la main, après l'avoir fait passer par-dessus la poulie suspendue, comme tout à l'heure, à cette même traverse. Cela est bien compris, n'est-ce pas? Eh bien, maintenant, tirons la corde de manière à en amener à nous un mètre. De combien aura monté le seau? D'un demi-mètre seulement, car il est soutenu, d'un côté, par la partie de la corde qui vient s'attacher à la traverse et, de l'autre côté, par la partie de la corde dont le bout se trouve dans notre main, et chacune de ces deux parties, puisque la corde entière n'a été raccourcie que d'un mètre, n'a pu être raccourcie que d'une quantité moitié plus petite.

La vitesse du seau ou de la résistance se trouvant ainsi être moitié moins grande que celle de notre main, pour vaincre cette résistance, pour faire monter le seau, nous n'aurons à faire qu'un effort moitié plus petit que celui qui aurait été nécessaire si nous ne nous étions pas servi de ce moyen.

Les moufles sont souvent plus compliqués. Doublons chacune de nos deux poulies, détachons le bout de la corde que nous avions attaché à la traverse, faisons-le passer par-dessus la nouvelle poulie suspendue à cette même traverse, puis faisons-le descendre et passer par-dessous la seconde poulie fixée au seau, enfin faisons-le remonter vers la traverse, où nous l'attacherons de nouveau. Deux parties de la corde descendront et deux monteront. Quand nous aurons tiré un mètre de corde hors du puits, chacune de ces parties se raccourcira d'un quart de mètre. La vitesse du seau sera donc le quart de la vitesse de notre main ; nous n'aurons donc besoin, pour tirer ce seau, que d'un effort quatre fois plus petit que celui qui serait nécessaire si nous voulions le tirer avec une poulie simple ou en agissant directement sur la corde.

Par la même raison, cet effort serait six fois moins considérable si nous employions six poulies, huit fois moins considérable si nous en employions huit, etc., de manière qu'au moyen des moufles, l'effort à faire est égal à la résistance à vaincre ou au poids à soulever divisé par le nombre total des poulies.

Notons qu'au lieu d'employer des poulies séparées comme nous venons de le dire, il est d'usage de réunir les *rouets*, les *galets* ou parties rondes et mobiles de toutes les poulies supérieures dans une même *chappe* ou enveloppe, en leur donnant un même axe, sur lequel ces rouets tournent librement, et d'en faire autant pour toutes poulies inférieures, en adaptant au-dessous de leur chappe commune un crochet destiné à accrocher les fardeaux à soulever. De cette manière, le moufle entier ne se compose plus que de trois éléments, savoir : de la corde et de deux poulies ayant chacune un ou plusieurs rouets.

On se sert très fréquemment de moufles pour élever des corps pesants, tels que des pierres de taille, des pièces de charpente, etc., etc. Ils sont surtout employés dans la marine, pour manœuvrer les vergues, pour orienter les voiles, etc. des navires. C'est principalement en s'aidant de moufles qu'on est parvenu à dresser l'obélisque de la place de la Concorde.

A propos du mouvement accéléré, nous avons déjà eu occasion de dire quelques mots des *plans inclinés*. Revenons sur ce sujet au point de vue du parti qu'on peut tirer du plan incliné pour économiser la puissance aux dépens de la vitesse.

Si, sur une planche bien unie, nous traînions, au moyen d'une ficelle, un corps quelconque, nous n'aurions à vaincre que la résistance produite par le frottement. Comme nous avons vu qu'on pouvait réduire cette résistance à fort peu de chose, nous pouvons, en ce moment, ne pas nous en occuper. Supposons à notre planche une longueur de 2 mètres. Soulevons un de ses bouts et faisons-le reposer sur un tréteau haut de 50 centimètres ; au bas de cette pente plaçons un petit vagon , que nous supposerons peser 100 kilogrammes et auquel nous attacherons une ficelle que nous ferons passer sur une poulie fixée à la partie la plus élevée de la planche ; attachons au bout de cette ficelle un poids suffisant pour qu'en descendant il force le vagon à gravir la pente entière. Evidemment ce poids devra entraîner avec lui 2 mètres de ficelle ou, ce qui est la même chose, descendre de deux mètres. Comme, en gravissant la pente, le vagon ne s'est élevé que d'un demi-mètre, comme les deux mouvements ont eu lieu en même temps, la vitesse du poids descendant aura été quadruple, non pas de celle qu'avait le vagon en parcourant la pente, car ces vitesses sont égales, mais de celle suivant laquelle il s'est élevé au-dessus de son point de départ. Donc ce poids pourra être le quart du poids du vagon.

Ce qui peut jeter quelque obscurité sur ce sujet, c'est que le vagon, quoique cela puisse paraître extraordinaire, avance dans deux directions différentes à la fois. Il parcourt la longueur de la planche absolument comme il le ferait si la planche était horizontale et puisque, dès qu'il est convenu que nous négligeons les frottements, ce mouvement n'exigerait aucune dépense de force, nous pouvons n'en tenir aucun compte. Mais, en même temps que le vagon s'avance vers le bout de la planche, il s'élève et c'est de ce mouvement-là seulement que nous avons à nous occuper. Or, il ne s'est élevé que de 50 centimètres pendant que le contre poids s'est abaissé de 2 mètres. La vitesse du contre-poids a donc été quatre fois plus grande que la sienne ; ce contre-poids peut donc lui faire équilibre, quoique n'ayant qu'une pesanteur quatre fois moindre.

Faisons varier comme nous le voudrons la longueur et l'inclinaison de notre planche, ainsi que le poids du vagon, nous arriverons toujours à ce résultat, que *la force nécessaire pour faire gravir un plan incliné à un corps quelconque est, avec le poids de ce corps, dans le même rapport que celui qui existe entre la hauteur et la longueur du plan incliné.*

En parlant des frottements, nous avons vu que, lorsque les surfaces frottantes sont en fer ou en bronze convenablement graissé, la force nécessaire pour vaincre le frottement est égale aux 7 centièmes du poids du corps frottant. Nous avons vu aussi que, lorsque le frottement avait lieu par *roulement*, comme celui des essieux de voitures, cette force pouvait être 19 ou 20 fois plus faible, et par conséquent n'être égale qu'à la vingtième partie des 7 centièmes du poids frottant, c'est-à-dire aux deux 7 millièmes de ce poids. Disons cependant que ces nombres ne sont pas exacts dans tous les cas, car ils varient suivant le diamètre des essieux et des roues, etc., etc., mais cela est sans importance pour le fait que nous voulons signaler.

Sur un chemin de fer bien horizontal, pour faire avancer d'un mètre par seconde un vagon pesant, charge comprise, 10,000 kilogrammes, il suffit, d'après ce qui précède, d'une force égale à celle qui serait nécessaire pour lever à un mètre de hauteur, dans le même temps, un poids de 35 kilogrammes, ou plutôt de 50 kilogrammes, comme cela a généralement lieu en pratique. Supposons à présent que ce chemin de fer soit incliné d'un centimètre par mètre, c'est-à-dire qu'il forme un plan incliné dont la hauteur soit le centième de la longueur, ce qui est une très faible inclinaison. D'après la règle que nous venons de poser, la force nécessaire pour faire gravir cette pente au vagon sera de 100 kilogrammes ; et comme les frottements offriront la même résistance que sur le plan horizontal, cette force devra être de 100 plus 50 kilogrammes, ou de 150 kilogrammes. Il aura donc suffi d'une très faible pente pour tripler la résistance. Si la pente était de deux centimètres par mètre, ou de 1 cinquantième, comme cela arrive quelquefois, elle serait quintuplée. Cela suffit pour montrer combien il importe d'éviter les fortes pentes dans le tracé des chemins de fer et pourquoi on préfère percer à grands frais des tunnels plutôt que d'avoir à monter des rampes trop rapides.

Les locomotives n'agissent sur les convois qu'elles traînent qu'en raison de l'adhérence de leurs roues sur les rails, dans lesquels elles pénètrent, en quelque sorte, sous l'effort du poids qu'elles supportent et avec lesquels on peut dire qu'elles s'engrènent. Afin d'obtenir une adhérence suffisante pour gravir des pentes de deux centimètres par mètre, on donne aux locomotives un poids qui va jusqu'à 50 et 60,000 kilogrammes. Pour franchir les Alpes, il faudrait leur faire gravir des pentes au moins dix fois plus fortes, et par conséquent les rendre dix fois plus pesantes, ce qui est à peu près impossible, car, alors, elles auraient à peine la force de se traîner elles-mêmes.

Quand des chevaux traînent une voiture sur un chemin en pente, ils ralentissent leur pas. En diminuant ainsi leur vitesse, ils augmentent leur puissance. Ils pourraient, de cette manière, gravir les plus fortes pentes, s'ils pouvaient diminuer indéfiniment leur vitesse. Mais, comme ils ne peuvent aller plus doucement qu'au petit pas, il arrive un moment où ils ne peuvent plus avancer et où on est forcé d'atteler des chevaux de renfort.

Nous parcourons tous les jours des rues en pente, nous gravissons des plans inclinés. Nous trouvons tout naturel que cela nous fatigue ; mais pourquoi et dans quelle mesure cela nous fatigue-t-il ? Nous n'y avons jamais pensé, nous ne nous sommes jamais dit que, lorsque nous montions une rue de cent mètres de longueur avec une pente de $0^m,10$ par mètre, si nous pesons 70 kilogrammes, c'est comme si nous élevions 70 kilogrammes à 10 mètres de hauteur, ce qui serait assez fatigant. Ne pas se rendre compte de ce qu'on fait, est-ce bien digne d'êtres raisonnables ? On croit que l'étude de la mécanique n'est utile qu'aux ouvriers et qu'aux ingénieurs : elle est indispensable à tout le monde, car, sans elle, la raison des choses les plus simples, les plus ordinaires, nous échapperait, et nous vivrions comme d'aveugles automates.

Si, au lieu de forcer un corps à monter le long d'un plan incliné, on force le plan incliné à glisser sous ce même corps restant immobile dans le sens de ce mouvement, il est clair que les

choses se passeront exactement de même et que
le corps dont il s'agit finira par se trouver élevé
de toute la hauteur du plan incliné.

Les plans inclinés qu'on fait ainsi avancer sous
les corps pour les soulever, sont ce qu'on appelle des *coins*. Un coin n'est qu'un solide terminé sur une de ses faces par un plan incliné. Il
y a cependant des coins moins simples, des coins
en forme de V qui ne sont autre chose que deux
coins ordinaires appliqués l'un sur l'autre par
ce qu'on pourrait appeler leur face horizontale.
Il va de soi que ce que nous disons des premiers
se rapportera également aux seconds.

On se sert ordinairement de coins pour fendre
le bois ou la pierre, et même pour soulever de
lourds fardeaux. Le coin agit de deux manières :
par son tranchant il pénètre, en en divisant les
parties, dans les corps qu'on veut fendre, et, en
raison de son épaisseur croissante, il soulève et
écarte ces parties divisées, de manière à produire un déchirement qui dispense de pousser
la division plus loin. En s'avançant dans la fente
commencée par son tranchant, il glisse sous la
partie supérieure de la roche qu'on veut fendre
et la soulève de la même manière que le plan
incliné qui glisse sous un corps finit par le soulever.

Quoique la résistance à vaincre ne consiste
pas seulement, comme tout à l'heure, dans le
poids de la partie supérieure du bloc qu'il s'agit
de fendre, mais comprenne aussi l'adhérence, la
cohésion qu'ont entre elles les deux parties inférieure et supérieure qu'il faut séparer avec violence, il est manifeste que, pour vaincre cette

résistance, le coin ne peut agir qu'à la manière du plan incliné. Aussi est-il facile de comprendre pourquoi l'homme qui frappe sur la tête du coin a moins de peine à fendre son bois lorsque le coin est effilé, c'est-à-dire lorsque sa longueur est grande relativement à l'épaisseur de sa tête.

Les emplois du coin sont très nombreux. Les haches et les clous eux-mêmes sont de véritables coins, et les avantages qu'ils procurent au point de vue mécanique sont les mêmes que ceux que procure le plan incliné.

Quelquefois, au lieu de faire avancer le coin, il est utile de le faire reculer. Supposez un grand coin de bois muni de roulettes et posé sur une table bien unie et bien horizontale : si, après avoir graissé sa surface supérieure pour adoucir les frottements, vous appuyez fortement sur elle le bout bien poli d'une baguette que vous aurez soin de maintenir dans une position verticale, le coin reculera sa tête en avant afin de permettre à votre baguette de descendre de plus en plus. Sous une forme plus grossière, quelque chose d'analogue arrive quand un enfant presse entre ses doigts le noyau d'une cerise qu'il vient de manger, ce noyau glisse et s'échappe avec une vitesse proportionnelle à la pression exercée sur lui.

Remplacez ce noyau de cerise ou notre coin de bois par l'aile oblique d'un moulin à vent, et notre baguette ou les doigts de l'enfant par le vent lui-même, la pression exercée par le vent forcera le plan incliné formé par l'aile du moulin à reculer et, comme cette aile est retenue par le bras qui la supporte et qui lui-même est attaché

à un axe horizontal, au lieu de reculer en suivant une ligne droite, elle reculera en décrivant
un cercle. Ce qu'elle fera, les autres ailes du
moulin le feront également et communiqueront
au mécanisme du moulin un mouvement régulier.

Si les ailes du moulin n'étaient pas placées
obliquement sur les bras, si, au lieu d'opposer
au vent des plans inclinés, elles se présentaient
perpendiculairement à lui ou, comme on le dit,
lui faisaient directement face, rien ne remuerait.
Il arriverait la même chose que si votre baguette,
au lieu de presser verticalement sur un plan incliné, pressait sur une surface horizontale : cette
surface assurément n'avancerait ni ne recule-
rait.

Nous savons quelle force il faut pour faire
monter un poids connu le long d'un plan incliné
dont la hauteur et la longueur sont également
connues ; il est clair que cette force est la même
que celle qu'il faudrait pour empêcher de reculer ce même plan pressé par le même poids.
En assimilant la pression exercée par un poids à
l'action exercée par le vent, ce que de nombreuses expériences permettent de faire, connais-
sant la force du vent, force que nous aurons
bientôt l'occasion d'apprécier et l'inclinaison des
ailes du moulin, il nous serait facile de calculer la
force dont le moulin nous permettra de disposer.

Les cerfs-volants avec lesquels les enfants s'a-
musent jouent exactement le rôle que jouent
les ailes du moulin. Leur inclinaison est telle
qu'ils reculent en montant sous l'action que le
vent exerce sur eux, retenus qu'ils sont par une

ficelle, comme les ailes du moulin sont retenues par leur axe. Supprimez ce qui règle leur
inclinaison, coupez la queue qui leur sert de contre-poids ou brisez la ficelle qui les retient et
ils tomberont immédiatement à terre. Tous les
jours, nous voyons des cerfs-volants s'élever dans
les airs. Avons-nous jamais pensé au rapport
qu'ils ont avec le plan incliné?

La *vis* est encore une application de la même
théorie. Chacun sait qu'une vis est un cylindre
de bois ou plus ordinairement de métal, autour
duquel serpente un cordon en relief de même
matière, qu'on appelle *filet*, que la distance
entre deux filets consécutifs se nomme *pas* et
que l'*écrou* n'est rien qu'un morceau de fer ou
de bronze percé d'un trou de même diamètre à
peu près que la vis et ayant, en creux, le filet·
qu'elle a en relief.

Si la vis était placée verticalement et si l'é-
crou était assez pesant pour pouvoir vaincre la
résistance que lui oppose le frottement, il des-
cendrait en tournant le long du plan incliné formé
par le filet comme une voiture descend une de
ces routes qui tournent autour des hautes montagnes. Mais ce n'est pas pour arriver à un résultat aussi simple que la vis a été inventée.

Représentons-nous un écrou solidement en-
castré ou enchâssé dans une poutre supportée
par deux poteaux. Faisons pénétrer dans cet
écrou une vis dont le pas sera, si l'on veut, de
4 millimètres. Ordinairement la partie supérieure
de la vis est légèrement renflée et ne porte pas
de filets. C'est ce renflement qu'on appelle la
ête. Supposons cette tête percée latéralement

d'un trou dans lequel sera logé un bout de fer
rond dépassant de chaque côté de 0ᵐ30 la tête
de la vis à partir de son centre.

Si, avec la main, vous agissez sur l'une des
extrémités de ce morceau de fer qui fait ici l'of-
fice d'une manivelle, de manière à faire tourner
la vis dans son écrou, en y appliquant une puissance qui serait suffisante pour soulever un poids
de 50 kilogrammes, votre main décrira, à chaque
tour, la circonférence d'un cercle ayant 0ᵐ30 de
rayon, c'est-à-dire parcourra un espace de 1ᵐ884.
Mais quand la vis fait un tour, elle n'avance dans
l'écrou que de la hauteur du pas ; son mouvement sera donc de 0ᵐ004, pendant que le vôtre
sera de 1ᵐ884. Sa vitesse sera donc 471 fois plus
petite que celle de votre main. La puissance
qu'elle pourra exercer, en pressant sur un objet
quelconque, sera donc 471 fois plus grande que
la vôtre, et équivaudra à 23,550 kilogrammes.
C'est certainement la machine ou l'instrument
qui produit la plus grande puissance, mais en
même temps, et à cause de cela, qui fonctionne
avec la moindre vitesse.

Avec une vis, un homme de force ordinaire
peut exercer une pression énorme. Il n'est
donc pas extraordinaire qu'un conducteur de
locomotive, en serrant un frein au moyen d'une
vis, puisse arrêter les roues de sa machine et la
forcer ainsi de glisser sur les rails au lieu d'y
rouler. C'est avec une vis qu'on presse les rai-
sins ou les olives pour en exprimer le vin ou
l'huile, qu'on frappe la monnaie, qu'on imprime
les livres, etc., etc. Quand elle tend à soulever
les corps sur lesquels elle presse, la vis prend le

nom de *verrin*, et lorsqu'il s'agit de soulever des poids très considérables, elle remplace avantageusement le cric. Quelquefois l'objet à comprimer se place entre la tête de la vis et son écrou. Alors la vis porte le nom de *boulon*, et on sait quel rôle important jouent les boulons dans les assemblages.

QUATRIÈME CAUSERIE

LES MOTEURS. — LES FORCES MUSCULAIRES. — LES ROUES HYDRAULIQUES. — FORCE DU VENT.

On appelle *moteurs* les forces employées à mettre en mouvement les machines. Les moteurs utilisés par la mécanique sont les forces musculaires de l'homme et des animaux, celles de la pesanteur de l'eau et de l'impulsion du vent, celles enfin de l'expansion produite par la chaleur. Quelques tentatives faites dans ces derniers temps permettent de croire que l'électricité pourra aussi un jour prendre rang parmi les moteurs.

Le travail effectué sans trop de fatigue par un homme de force ordinaire peut être comparé à celui d'une force qui élèverait de 8 à 9 kilogrammes à un mètre de hauteur en une seconde, c'est-à-dire au huitième ou au neuvième de la force d'un cheval-vapeur. Mais l'homme ne fournit cette quantité de travail pendant plusieurs heures qu'à la condition de travailler de la manière la plus favorable au bon emploi de ses forces.

Cette condition se montre principalement quand, sans porter aucune charge, il monte en escalier. Aussi est-ce de cette manière qu'il est employé très souvent dans les travaux qui n'exigent que de la force. Veut-on, par exemple, comme nous le voyons dans la plaine de Montrouge, extraire des pierres à bâtir du fond d'une carrière, on construit une grande roue que l'on pose verticalement et dont l'axe, formé d'un gros cylindre en bois terminé à chacun de ses bouts par des *tourillons* en fer ou fusées d'essieu reposant sur des coussinets, passe par-dessus l'ouverture du puits de la carrière. La circonférence de cette roue est garnie de marches sur lesquelles des hommes montent comme ils monteraient les marches d'un escalier. En montant ainsi, ils ne font que soulever le poids de leur propre corps ; mais, ce poids entraînant la roue et la faisant tourner, ils se trouveraient bientôt ramenés à terre s'ils ne montaient une seconde marche qui s'abaisse à son tour pendant qu'ils en montent une autre. En d'autres termes, ils font à l'extérieur de cette roue ce que l'écureuil fait à l'intérieur de la sienne.

Supposons qu'un homme pesant 60 kilogrammes monte sur cette roue 50 marches de 0^m,18 chacune de hauteur, en une minute ; il aura élevé, pendant cette minute, 60 kilogrammes à 9 mètres de hauteur, ou 540 kilogrammes à 1 mètre. Pendant une seconde, il aura donc dépensé une force équivalente à 9 kilogrammètres. On peut considérer cette force comme appliquée à l'extrémité d'un grand bras de levier qui est le rayon de la roue et dont le petit bras est le rayon du cylindre. Supposons le rayon de la roue de 8 mètres et celui du cylindre de $0^m,20$, c'est-à-dire 40 fois plus petit. Le poids de l'homme, 60 kilogrammes, si on ne tient pas compte des frottements ni des diverses résistances accessoires, pourra faire monter avec une vitesse 40 fois plus petite que celle dont l'homme est animé, une pierre pesant 40 fois 60 kilogrammes ou 2,400 kilogrammes, qui serait suspendue à une longue corde s'enroulant sur le cylindre de ce treuil, car c'est bien d'un véritable treuil qu'il est question, comme le lecteur n'aura pas manqué de s'en apercevoir.

Bien que les *roues à marches* ou à *chevilles*, car les marches sont quelquefois remplacées par de simples chevilles sur lesquelles le pied repose, permettent à l'homme d'employer le mieux possible ses forces matérielles, pour l'honneur de l'humanité, espérons que leur emploi deviendra de plus en plus rare, car c'est dégrader l'homme que de le condamner à un travail abrutissant, qu'exécuteraient aussi bien que lui des animaux et encore mieux des machines. Pour le même motif, espérons qu'on ne verra pas toujours des hommes attelés à un bateau pour le haler comme des bêtes de somme, mode de traction que, d'ailleurs, la mécanique réprouve, parce que l'homme, tirant ainsi sur une corde, n'emploie utilement que les deux tiers environ de sa force. Quand, au contraire, il retourne la terre avec une bêche il en utilise les 90 centièmes et les 65 centièmes quand il tourne une manivelle.

Quand un homme de force ordinaire porte un fardeau, pour qu'il fasse le plus d'ouvrage possible dans un temps donné, il faut que ce fardeau ne pèse pas plus de 50 kilogrammes ; comment estimer la force que, dans ce cas, il dépense ? Par un moyen bien simple : quand nous faisons un pas, nous écartons d'abord nos deux jambes l'une de l'autre. Dans ce moment-là, notre corps entier s'abaisse et il se relève aussitôt que nos jambes se rapprochent. Nous avons donc à relever ou à soulever, à chaque pas que nous faisons, le poids de notre corps et celui du fardeau que nous portons si nous sommes chargés. Ce mouvement de bas en haut est d'environ $0^m,035$. L'homme qui marche d'un pas ordinaire fait environ deux pas par seconde. Toutes les secondes, il soulève donc son corps et son fardeau à une hauteur de $0^m,07$.

Son poids étant supposé de 70 kilogrammes, ce sera, s'il ne fait autre chose que de se promener sur un terrain horizontal, un effort de 70 kilogrammes élevés à $0^m,07$ ou de $4^k,90$ élevés à 1 mètre qu'il aura à faire, ce qui explique pourquoi la marche ne peut se prolonger longtemps sans fatigue. Si, outre son propre poids, il a à soulever ou à porter un fardeau de 50 kilogrammes, son effort sera de 8,4 kilogrammètres. Avec une brouette et sans plus de fatigue, au lieu de 50 kilogrammes, il pourrait en transporter plus de 100.

Pendant que l'homme utilise toute sa force en montant un escalier, le cheval et le bœuf, par suite de la conformation de leur corps, perdent une partie des leurs en gravissant une pente.

Mais, en marchant sur un terrain horizontal, ces animaux se fatiguent moins rapidement que nous. En plaine, sept hommes auraient de la peine à porter la charge que porte un cheval. S'il s'agit, au contraire, de monter une pente rapide, on sera obligé de diminuer la charge du cheval et trois ou quatre hommes la porteraient sans trop de fatigue.

Le cheval utilise le maximum de sa puissance quand il marche au pas, attelé à une voiture. Si le terrain est horizontal, en supposant qu'il travaille sans interruption pendant six heures, la partie utilisée de ses forces sera égale à environ 60 à 66 kilogrammètres et à 40 ou 45 seulement s'il est employé à faire tourner un manége.

Nous n'en dirons pas davantage touchant les forces de l'homme et des animaux, parce qu'on tend à les employer de moins en moins dans les travaux mécaniques et à les remplacer par des moteurs d'un entretien moins coûteux. Les moins coûteux de tous sont l'eau et le vent, qu'on a tort néanmoins d'appeler des moteurs gratuits, car s'ils ne coûtent rien par eux-mêmes, ils exigent des dépenses souvent considérables pour être utilisés, et il est arrivé plus d'une fois que l'entretien d'une digue ou d'un canal a coûté beaucoup plus que n'aurait coûté la nourriture de cent chevaux.

L'eau n'agit que par son poids, car l'impulsion que produit son courant n'est elle-même due qu'à sa pesanteur. Si on dispose d'un courant d'eau débitant, par exemple, un mètre cube d'eau par seconde tombant d'une hauteur de 2 mètres, on est en droit de se regarder comme en possession d'un moteur de la force de 2,000 kilo-grammètres ou de 26 chevaux-vapeur et un tiers.

En effet, le mètre cube d'eau pèse 1,000 kilo-grammes ; un mètre cube d'eau tombant de 2 mètres est équivalent à 2 mètres cubes ou 2,000 kilogrammes tombant d'un mètre. Cette force représente bien celle qui serait nécessaire pour élever 2,000 kilogrammes à 1 mètre de hauteur, car si on faisait agir ce poids sur un levier à bras égaux en forçant un de ces bras à s'abaisser d'un mètre, elle forcerait l'autre, lors même qu'il serait chargé d'un poids de 2,000 ki-logrammes, à s'élever à une hauteur égale.

Pour utiliser l'eau comme force motrice, on fait usage de roues verticales et de roues hori-zontales, qui, les unes comme les autres, portent le nom de *roues hydrauliques*.

Si l'eau agit en tombant d'une certaine hau-teur, de 4, 5, 6 mètres, par exemple, on emploie le plus souvent des roues verticales, composées de deux *couronnes* ou assemblages circulaires de très larges jantes de même diamètre, qu'on réu-nit entre elles par des planches plus ou moins inclinées par rapport aux rayons de la roue et qui forment autant de petites caisses rectangu-laires ou *augets* ouvertes à l'extérieur et dont le côté situé à l'intérieur de la roue est fermé avec d'autres planches. Les deux couronnes ont chacune des bras ou rayons qui viennent s'atta-cher à un arbre horizontal, qui est l'axe de la roue et qui se termine par deux petits cylindres ou bouts d'essieux en fer ou en fonte appelés *tourillons*, lesquels reposent et peuvent tourner sur des coussinets solidement fixés à un bâtis en charpente.

Lorsque l'eau tombe sur l'un des côtés de la roue, elle en remplit les augets, et son poids force la roue à tourner. A mesure que les augets s'abaissent au-dessous de l'axe, ils tendent à se vider et ils sont complétement vides quand ils arrivent à la position la plus basse qu'ils puissent prendre. Pour arrêter ces sortes de roues une fois qu'elles sont en mouvement, il faudrait une force capable de faire équilibre au poids de l'eau dont elles sont chargées. Elles peuvent donc, dans cette limite, vaincre de fortes résistances, et, par conséquent, transmettre leur mouvement aux machines auxquelles on les adapte.

Puisque le volume de l'eau et la hauteur d'où elle tombe sont les deux éléments de la force que les *roues à augets* ont pour fonction d'utiliser, il importe de s'arranger de manière à ce qu'autant que possible toute l'eau entre dans les augets et n'en sorte qu'au point le plus bas de la révolution que fait la roue. Ce principe est trop souvent méconnu par d'ignorants constructeurs, qui, au lieu de faire arriver l'eau tranquillement dans les augets de la roue et dans les augets les plus élevés, si cela est possible, afin de profiter de toute la chute, donnent aux roues un diamètre inférieur à la hauteur de cette chute et font tomber l'eau avec violence dans les augets, quelquefois d'une hauteur considérable. Ils se persuadent que le choc qu'ils produisent ainsi est supérieur en puissance à l'action que produirait la simple pesanteur. C'est une erreur grossière. Des calculs dont nous ne pouvons ici nous occuper démontrent qu'au contraire il lui est très inférieur.

Carnot, qui était mathématicien aussi profond que grand ministre et qu'excellent citoyen, a posé, à cet égard, une règle dont, à moins de nécessité absolue, on ne doit jamais s'écarter, à savoir que l'eau doit agir sans choc sur les roues et les quitter sans vitesse. Ces derniers mots n'ont pas besoin de démonstration, car il est évident que, si l'eau conservait, en quittant les roues, plus de vitesse qu'il ne lui est nécessaire d'en avoir pour s'écouler, cette vitesse ne pourrait être produite que par une force que les roues n'auraient pas utilisée.

Lorsque la chute est fort petite ou se trouve même réduite à un simple courant, comme celui des rivières, on fait usage d'une autre sorte de roues verticales qu'on nomme roues à palettes ou à *aubes*, qui ne diffèrent des roues à augets qu'en ce que les augets ne sont pas fermés ou foncés du côté intérieur de la roue et qu'en ce que les minces cloisons qui les séparent et qui sont ce qu'on nomme des *aubes* se trouvent autrement inclinées et reçoivent souvent une forme courbe. Ces roues trempent tout simplement par leur partie inférieure dans l'eau, dont l'impulsion les fait tourner.

L'eau n'est capable d'impulsion que parce qu'elle a une certaine vitesse. Elle n'a de vitesse que parce qu'elle coule sur un fond incliné ou, ce qui est la même chose, que parce qu'elle tombe de la hauteur de ce plan incliné. C'est, en définitive, à sa chute qu'est due sa vitesse.

Cette vitesse peut toujours être mesurée au moyen d'un *flotteur*, d'un bouchon de liége, par exemple, qu'on jette dans le courant. Avec une montre et une règle, on voit combien ce flotteur parcourt de mètres ou de fractions de mètre par seconde et le nombre trouvé exprime, à peu de chose près, la vitesse de l'eau, vitesse due à une chute qu'au moyen des règles que nous avons données en parlant des lois du mouvement accéléré, il est toujours facile de connaître.

Or la théorie enseigne que la force qui agit sur une roue à aubes plongeant dans une rivière comme celles des moulins à bateaux est égale au poids d'une colonne d'eau ayant pour base la partie immergée de la surface d'une aube et pour hauteur la hauteur de chute correspondante à une vitesse égale à la différence entre la vitesse de l'eau et celle de la roue. Nous nous en tiendrons à cette simple indication, car elle suffit pour montrer de quelle manière on peut s'y prendre pour mesurer la force qui agit sur ces sortes de roues. Entrer dans plus de détails exigerait des considérations de pures mathématiques dont nous nous sommes fait une loi de nous abstenir.

Les roues des bateaux à vapeur ressemblent beaucoup aux roues à aubes. Le rôle qu'elles jouent est néanmoins fort différent. Les roues à aubes des papeteries, des forges, des moulins, etc., etc., donnent le mouvement aux machines. Les roues des bateaux, au contraire, le reçoivent de la machine à vapeur. Au lieu de commander, elles obéissent; au lieu d'être en contact avec le moteur, elles sont en contact

avec la résistance. Elles ne cèdent pas à l'impulsion de l'eau ; elles lui en impriment une, ce
qui est très fâcheux, car la force qu'elles dépensent à mettre ainsi de l'eau en mouvement
est une force qui ne contribue en rien à la marche du bateau. C'est même ce qui a fait adopter
l'*hélice*, sorte de grosse et courte vis à filets très
saillants qui, en refoulant l'eau en arrière, de
manière à faire marcher le bateau en avant, a
l'avantage de ne pas agiter autant l'eau et ne
lui imprime pas autant d'inutiles ondulations.

Les roues horizontales qu'on appelle aussi
turbines, roues à cuve, etc., etc., sont des espèces
de roues à aubes d'un petit diamètre, dont l'axe,
au lieu d'être horizontal, est vertical et dont les
aubes sont plus ou moins courbes et plus ou
moins inclinées. Ces roues sont ordinairement
renfermées dans une enveloppe ou cuve immobile. Dans quelques-unes, l'eau arrivant par une
fente pratiquée dans le bas de la cuve vient
frapper les aubes comme le ferait le courant
d'une rivière. Dans d'autres, l'eau agit par son
poids en glissant le long des aubes comme sur
un plan incliné forcé de reculer sous cet effort
ou comme le vent glisse sur les ailes d'un moulin. Dans d'autres enfin, l'eau agit en vertu de
la force centrifuge que développe le mouvement
de rotation de la roue. La théorie de ces différentes espèces de roues suppose, pour être comprise, des études trop avancées pour que nous
puissions en indiquer même les données principales. Il nous suffira de dire que ces roues
très légères, très peu volumineuses, d'une construction très économique, rendent à l'industrie les

plus grands services et tendent à se substituer aux roues verticales partout où il ne s'agit pas d'utiliser des quantités d'eau trop considérables ou de trop petites chutes.

Nous avons dit que la force qui agit sur les roues hydrauliques était égale à celle qu'il faudrait pour soulever, en une seconde, le poids de l'eau motrice s'écoulant pendant le même temps à une hauteur égale à celle d'où tombe cette eau. Mais il s'en faut beaucoup que les roues utilisent, en la transmettant aux machines qu'elles doivent faire mouvoir, la totalité de cette force. Les frottements en absorbent une partie ; une quantité d'eau toujours assez considérable rejaillit et se perd sans avoir exercé d'action utile ; une foule d'autres causes encore occasionnent des dépenses de force sans résultat pour l'effet qu'on veut obtenir. De là vient que l'*effet utile* des roues à aubes droites ordinaires n'est en moyenne que les 4 dixièmes de la force dépensée, qu'il en est les 7 dixièmes dans les roues à aubes courbes dites *roues à la Poncelet,* du nom de leur inventeur, et les 8 dixièmes pour les roues à augets et pour les turbines les mieux construites.

Il est encore une troisième espèce de roues hydrauliques peu connues et peu employées, qui peuvent être indifféremment placées dans une position verticale, horizontale ou même inclinée. Ces roues se nomment *roues à réaction.* Nous n'en dirions rien si nous n'y trouvions l'occasion de parler d'une manière particulière dont les forces peuvent agir.

Imaginez un tonneau de porteur d'eau posé sur un léger vagon de chemin de fer. L'eau dont ce tonneau est rempli presse également contre ses deux fonds. Aussi le tonneau et le vagon sont-ils immobiles. Perçons un large trou dans le bas d'un de ces deux fonds. L'eau s'écoulera par ce trou, mais, par cette raison même, elle n'exercera aucune pression sur la partie de la surface du fond enlevée en pratiquant cette ouverture. Donc la pression exercée par la pesanteur de l'eau sur le fond non percé sera plus grande que celle exercée sur l'autre et cela pourra suffire pour faire avancer le vagon du côté opposé à celui où le trou aura été percé. Cette force qui fait ainsi avancer le vagon et qui, dans ce cas particulier, n'est autre chose que la pesanteur, a reçu le nom de *force de réaction*.

Une fusée est, en tous points, analogue à notre tonneau. C'est un petit tonneau, un petit cylindre de carton dont l'un des fonds est percé pour laisser passer une mèche. Aussitôt que le feu est mis à cette mèche, il se propage dans l'intérieur de la fusée, enflamme la poudre et produit du gaz qui presse violemment contre les deux fonds, mais avec plus de force contre celui qui n'est pas percé, ce qui oblige la fusée à s'élancer dans les airs, si toutefois on a eu soin de lui donner préalablement une position verticale, car autrement elle s'élancerait dans celle des directions qu'elle aurait au moment de l'inflammation de la mèche. Nous assistons assez souvent à des feux d'artifice pour ne pas être fâchés de savoir pourquoi les fusées s'élèvent vers le ciel.

Actuellement, imaginons un tuyau ouvert des deux bouts et ayant la forme d'un S Perpendiculairement au plan, à la face de ce tuyau, supposons-en un autre communiquant avec ses deux branches. Au-dessous de ce second tuyau et comme s'il se continuait, fixons un pivot pouvant tourner dans une crapaudine et plaçons autour de la partie supérieure de ce même tuyau un collier dans lequel aussi il pourra tourner librement. Si, par l'orifice supérieur de ce tuyau, il arrive de l'eau, cette eau pressera contre les coudes du tuyau en S et non contre ses extrémités ouvertes, par lesquelles elle s'écoulera. La force de réaction obligera donc ce tuyau à tourner. Ce qu'en langage de feu d'artifice ou de *pyrotechnie* on appelle des *soleils* ou des *feux tournants* n'est rien que des *roues à réaction*, dans lesquelles la pression des gaz produits par l'inflammation de la poudre remplace la pression due à la pesanteur de l'eau.

Le vent est un moteur comme l'eau, mais moins utilisé parce qu'il n'est pas constant et parce que sa vitesse est soumise à de perpétuelles irrégularités. A propos du plan incliné, nous avons dit comment le vent agissait sur les ailes des moulins, sortes de roues dont les aubes sont en toile. Nous n'avons pas à revenir sur ce sujet, mais nous ne croyons pas inutile de dire quelque chose de la vitesse et de la force d'impulsion du vent, parce qu'en général on ne s'en fait qu'une très fausse idée.

La vitesse du vent varie entre 2 et 20 mètres par seconde. Celle des vents considérés comme très rapides et qui forcent les marins à serrer les hautes voiles n'excède pas 12 mètres et est par conséquent inférieure à la vitesse des convois de chemins de fer. Les vents dont la vitesse dépasse

15 à 18 mètres sont le produit de véritables
tempêtes et ce n'est guère qu'en Amérique, dans
les Antilles, que, au milieu de rares mais terribles
ouragans, la vitesse du vent atteint 40 et même
50 mètres.

Pour juger par expérience de sa force d'impulsion à différentes vitesses, on a eu recours à
plusieurs moyens fort ingénieux. Nous n'en cite-
rons qu'un qu'il vous sera très facile de comprendre. Plaçons sur des rails un vagon très
léger, que la moindre force puisse mettre en
mouvement. Sur ce vagon fixons verticalement
une feuille de tôle d'un mètre carré. Attachons-y
une corde que nous ferons passer sur une poulie fixée entre les rails, et à l'extrémité libre de
cette corde, descendant dans un puits, suspendons un poids convenable. Le vent fera marcher notre vagon avec une certaine vitesse.
Le poids parcourra, en montant, un certain
nombre de mètres par seconde. Cela nous donnera immédiatement la mesure de la force du
vent.

Ces expériences ont prouvé que l'impulsion
du vent ayant 2, 6, 9, 12, 15 et 20 mètres de
vitesse sur une plaque d'un mètre carré, contre
laquelle elle s'exerce perpendiculairement, est
de 7, 22, 32, 43, 54 et 72 kilogrammes. Elle
serait de plus de 300 kilogrammes pour les
épouvantables vitesses qu'engendrent les tempêtes dans les régions équinoxiales, et on conçoit qu'alors elle doive renverser les édifices les
plus solidement construits.

On a quelquefois entendu dire que le vent
avait arrêté la marche des convois sur un che-

min de fer. Cela n'est pas absolument impossible, mais il ne faut pas se figurer qu'il s'agisse d'un vent directement opposé à la direction qu'ils suivent. La surface d'un convoi vu de face n'atteint pas 6 mètres carrés, et nos plus grands vents d'Europe n'exerceraient sur elle qu'une pression inférieure à 500 kilogrammes. Ce qui contrarie la marche des convois, ce sont les vents qui les frappent de côté. Le développement de leur surface de flanc peut atteindre 300 mètres carrés, et le vent peut exercer une pression allant jusqu'à 20,000 kilogrammes. Cette énorme pression, les poussant contre les rails opposés au côté d'où vient le vent, force le rebord de leurs roues à s'appuyer contre ces rails et produit un frottement assez considérable pour ne pouvoir être vaincu par la force de la machine.

CINQUIÈME CAUSERIE

LES POMPES. — LA PRESSE HYDRAULIQUE.

Puisque nous avons commencé à passer en revue les différents moteurs, après avoir parlé de l'eau et du vent, nous devrions actuellement nous occuper de la chaleur. Cependant, comme la chaleur n'est mécaniquement utilisée qu'au moyen des machines à vapeur, on nous permettra de nous écarter un moment de la marche que nous suivions pour dire quelque chose d'un des organes principaux de ces machines. Sans la connaissance, au moins superficielle, de la manière dont sont construites et dont fonctionnent les *pompes*, il serait impossible de rien comprendre à la description que nous aurons à faire de la machine à vapeur.

L'air qui nous entoure est pesant. Nous avons déjà dit qu'un mètre cube d'air pèse environ 1^k,300. Si l'atmosphère tout entière n'avait qu'un mètre d'épaisseur, chacun des mètres carrés dont se compose la surface de la terre ne supporterait que le poids d'un mètre cube d'air et par conséquent n'éprouverait qu'une pression de 1^k,300. Mais au-dessus de ce mètre cube d'air s'en trouve un autre, puis un autre, puis bien d'autres encore, de telle sorte que les poids de tous ces mètres cubes d'air s'ajoutant les uns aux autres, chaque mètre carré supporte un poids d'environ 10,000 kilogrammes.

Ne vous hâtez pas d'en conclure que l'épaisseur de la couche d'air qui nous entoure soit de 10,000 kilogrammes divisés par 1^k,300 ou de 7,692 mètres. Vous vous tromperiez : elle est près de dix fois plus considérable, parce que la densité et par conséquent la pesanteur du mètre cube d'air vont en diminuant de plus en plus à mesure qu'on s'élève.

Mais, s'il est vrai que la pression exercée par l'air soit aussi énorme, en admettant que la surface du corps humain soit de 0^m,40, il s'ensuivrait que nous porterions sur nos épaules un poids de 4,000 kilogrammes, chose dont nous devrions nous apercevoir. Cela a lieu cependant sans que nous nous en apercevions, parce que cette pression s'exerce à la fois sur tous nos organes tant intérieurs qu'extérieurs, et aussi parce que nous sommes organisés pour y résister et que, l'ayant toujours supportée, il nous est impossible de nous apercevoir que nous la supportons. Il ne peut en résulter aucune sensation pour nous, car toute sensation suppose une modification nouvelle, un changement se produisant dans nos organes et il n'y a rien là de nouveau, rien d'imprévu, rien qui ne soit non-seulement une habitude, mais une nécessité.

Une autre objection se présentera sans doute à votre pensée. Quand je suis dans la rue ou à la campagne, soit, direz-vous, je porte sur mes épaules cette lourde et longue colonne d'air. Mais, quand je suis renfermé dans ma chambre, la hauteur de la colonne d'air que je supporte n'en dépasse pas le plafond et par conséquent au lieu de 70 kilomètres n'a tout au plus que 3 mètres de longueur. Elle doit être beaucoup moins pesante, et je devrais m'apercevoir de cette diminution si considérable de la pression que j'ai à supporter.

Il est vrai que, si votre chambre est parfaitement close, vous ne supportez plus directement le poids total de la colonne atmosphérique ; mais ce qui est exactement la même chose, vous supportez la pression d'un ressort que cette colonne a tendu. Ce ressort c'est l'air qui vous entoure. N'oubliez pas que l'air est élastique. Chaque volume d'air comprimé par le poids des volumes d'air placés au-dessus de l'air, aussitôt que cette compression cesse, tend à augmenter de volume et réagit contre ce qui l'entoure avec une force égale à celle qu'il avait supportée, c'est-à-dire égale à la pression qu'exerçait sur lui la colonne atmosphérique. En vous renfermant dans votre chambre, vous ne pouvez donc pas échapper à cette pression. Supposez un vase plein de caoutchouc et sur l'ouverture de ce vase une longue colonne composée de la même matière. Le poids de cette colonne comprimera le caoutchouc contenu dans le vase et qui, en vertu de cette compression, en pressera énergiquement les parois. Coupez la colonne comprimante par une lame armée d'un tranchant et venant fermer solidement et hermétiquement l'ouverture du vase. Le caoutchouc qu'il renferme ne cessera pas d'en presser les parois, seulement ce sera en vertu de son élasticité, au lieu d'être en vertu du poids qu'il supportait. La même chose, relativement à l'air, se passe dans votre chambre et dans tout autre endroit préservé de l'influence directe de l'air extérieur par une cause quelconque.

Cela bien compris, prenons un long tuyau que nous ferons descendre dans un puits, de manière à ce que son extrémité inférieure plonge d'un mètre, par exemple, dans l'eau de ce puits. Il est bien évident que l'eau qui entrera dans ce tuyau et celle qui est dans le puits resteront de niveau, car elles supportent d'un côté et de l'autre le même poids, celui de la colonne atmosphérique. Fermons très exactement l'extrémité supérieure de notre tuyau, les choses ne changeront pas : l'eau renfermée dans le tuyau n'éprouvera pas plus de diminution de pression que vous n'en éprouvez vous-même quand vous fermez les fenêtres de votre chambre; elle sera comprimée par l'élasticité de l'air restant dans le tuyau.

Par un moyen quelconque, supprimons la plus grande partie de cet air, diminuons la tension de ce ressort, qu'arrivera-t-il? La colonne d'air qui pèse sur l'eau du puits n'est pesante que parce qu'elle est attirée par la terre; elle ne pouvait obéir à cette attraction parce qu'elle en était empêchée par l'eau qu'elle ne pouvait repousser d'aucun côté pour se faire place. S'il y avait un trou à quelque profondeur dans la muraille du puits, et si, après ce trou, il ne s'était trouvé ni terre, ni rien de nature à faire obstacle à l'eau, la pesanteur de la colonne atmosphérique l'aurait forcée à s'écouler par ce trou. Actuellement, ce trou qui n'existait pas existe; c'est l'orifice inférieur de notre tuyau.

Si l'eau du puits s'écoule par là, son niveau s'abaissera, et la colonne d'air, pouvant elle-même descendre, obéira enfin à l'attraction terrestre. Mais, dira-t-on, l'eau ne pourra passer par ce trou, par l'orifice de ce tuyau, qu'en montant, et il est contre sa nature de monter. Pourquoi est-ce contre sa nature? Nous la voyons bien monter dans les puits artésiens et dans les jets d'eau. Dites que, comme tous les autres corps, elle ne monte pas si rien ne l'y oblige, et vous serez dans la vérité.

Elle est poussée par le poids de l'air; il faut donc qu'elle monte dans le tuyau, à moins qu'elle ne rencontre un obstacle qui empêche son ascension; mais elle n'en peut rencontrer aucun, car il n'y a rien dans le tuyau, que nous avons purgé de l'air qu'il contenait. Jusqu'à quelle hauteur montera-t-elle? jusqu'à une hauteur de 10 mètres environ et pas davantage. Pourquoi cela? Nous allons le voir.

Supposons que, lorsqu'elle se sera élevée de 10 mètres, on ferme avec une mince feuille de parchemin l'orifice inférieur du tuyau; d'une part, cette feuille de parchemin sera pressée par le poids d'un mètre d'eau, si le tuyau plonge d'un mètre dans l'eau du puits, et, en second lieu, par le poids de la colonne atmosphérique pressant sur cette même eau; de l'autre, dans l'intérieur du tuyau, d'abord par le poids d'une colonne d'eau d'un mètre qui existait dès le principe dans le tuyau, et dont il ne faut pas tenir compte, parce qu'il est équilibré par le poids de la colonne d'un mètre dont nous venons de parler; en second lieu, par la colonne d'eau de 10 mètres qui s'est élevée dans le tuyau. Donc la feuille de parchemin est pressée d'un côté par le poids de la colonne atmosphérique, et de l'autre par une colonne d'eau de 10 mètres, mais ces pressions sont égales, car nous avons dit que le poids de l'air sur une surface d'un mètre carré était de 10,000 kil., et nous savons que, puisqu'un mètre cube d'eau pèse 1,000 kil., une colonne d'eau ayant un mètre carré de base et 10 mètres de hauteur pèsera aussi 10,000 kil. Il est donc impossible que l'eau s'élève dans le tuyau à plus de 10 mètres au-dessus de l'eau restant dans le puits, car pour cela il faudrait que la colonne atmosphérique pût soulever plus que son propre poids.

Il y a bien des siècles qu'on savait que l'eau,

lorsqu'on faisait le vide au dessus d'elle, s'élevait, mais seulement jusqu'à une certaine hauteur et sans jamais aller au delà. Un savant italien, Galilée, ce penseur illustre que l'Inquisition
condamna pour avoir soutenu que ce n'était pas
le soleil qui voyageait, mais que c'était la terre
qui tournait, Galilée, un jour, se promenait dans
un jardin aux environs de Florence, quand un
jardinier lui demanda pourquoi l'eau s'élevait
dans ce tuyau, à l'intérieur duquel on avait fait
le vide. Ce savant, ne faisant en cela que répéter
ce qui s'enseignait à son époque, répondit que
c'était parce que la nature a horreur du vide, et
que l'eau, plutôt que de laisser un endroit vide,
se décidait à monter dans ce tuyau où on n'avait
même pas laissé d'air. Le jardinier, homme de
sens, peu satisfait de cette belle réponse, insista
et demanda pourquoi l'eau ne s'élevait pas plus
haut qu'elle ne le faisait. Galilée fut un instant
embarrassé ; mais comme il ne faut pas qu'un
savant reste muet, il finit par répondre que
c'est parce que la nature n'a horreur du vide
que jusqu'à 32 pieds, environ 10 mètres.

A cette époque, quand on demandait la raison
d'un phénomène quelconque, si c'était à un théo-
logien, il répondait que c'était Dieu ; à un savant,
que c'était la Nature qui le voulait ainsi. Quand
on se contente de semblables réponses, il n'y a
plus de science qui soit possible. Galilée le sen-
tait bien. Aussi celle qu'il avait faite au jardinier
de Florence lui pesait-elle comme un remords.
Il réfléchit plus mûrement à la question qui lui
avait été posée, et le résultat de ses réflexions
fut la découverte de la pesanteur de l'air et de

la théorie dont nous venons d'exposer les éléments, découverte admirable, qui conduisit à l'invention du *baromètre* et de plusieurs autres instruments dont nous vous parlerons quelque jour, s'il nous est donné de causer avec vous des lois de la physique, et qui furent le point de départ d'une révolution complète dans la science.

L'eau s'élève donc dans un tuyau de l'intérieur duquel on a chassé l'air. Pour faire monter l'eau d'un puits ou d'une rivière assez haut pour servir aux usages domestiques, aux besoins de l'industrie ou à l'arrosement des terres, il ne s'agit donc que d'expulser l'air qui se trouve dans un tuyau.

Voici comment on s'y prend : Ouvrons la partie supérieure de notre tuyau, que nous avions soigneusement fermé; introduisons-y un *piston*. On appelle de ce nom tout corps solide qui remplit exactement, sur une petite hauteur, l'intérieur d'un tuyau cylindrique dans lequel il peut se mouvoir. Ainsi un bouchon d'assez faible diamètre pour qu'en le pressant avec le doigt vous puissiez, comme cela arrive quelquefois, le faire descendre dans le goulot de la bouteille qu'il devrait boucher est un piston. Les pistons se font ordinairement en bois ou en fonte, et ne sont autre chose que des plateaux ronds médiocrement épais dont on garnit le bord avec de l'étoupe, du caoutchouc ou même de simples lames métalliques faisant ressort, de manière à ce qu'ils remplissent exactement l'intérieur des tuyaux ou des cylindres dans lesquels on les place. A ces plateaux, pour les manœuvrer, on fixe perpendiculairement à leur plan une baguette ou *tige* de fer assez longue pour sortir au dehors des tuyaux ou cylindres dans lesquels ils sont renfermés.

Nous introduisons donc un piston dans notre tuyau, dont la partie supérieure reçoit ordinairement un plus fort diamètre. Dans ce piston, nous pratiquons un trou que nous garnissons d'une soupape pouvant s'ouvrir seulement de bas en haut. On appelle *soupape* ou *clapet* une planchette armée de charnières et destinée à ouvrir ou à fermer le trou sur lequel elle est posée à plat, comme une porte ouvre ou ferme une chambre. La soupape qu'on adapte au piston est dite s'ouvrant de bas en haut, parce qu'elle permet à ce qui est dans le tuyau au-dessous du piston d'en sortir par le trou qu'elle recouvre et parce qu'elle empêche ce qui est au-dessus d'elle de passer par ce même trou pour pénétrer dans le tuyau. Garnissons d'une soupape absolument semblable l'orifice de la partie du tuyau qui plonge dans le puits.

Entre l'eau du puits ou plutôt entre l'eau entrée naturellement dans le tuyau et le piston, se trouve une longue 'colonne d'air. Au moyen de sa tige mue ordinairement par un levier, forçons le piston à s'abaisser de $0^m,50$. Il comprimera l'air qui se trouve au-dessous de lui. Plutôt que de se laisser comprimer ainsi, cet air cherchera à s'échapper. Il ne le pourra point par le bas du tuyau. De ce côté, il trouvera devant lui de l'eau qui ne cédera pas à cette pression, parce que la soupape inférieure l'empêchera de sortir et de retourner dans le puits. Pour s'échapper, cet air n'a d'autre issue que le trou pratiqué dans le piston et que la soupape qui s'ouvre du dedans au dehors lui permettra de traverser librement. Il s'en échappera par cette voie une quantité précisément égale à la diminution de volume que, par suite de la descente du piston, a éprouvée le vide intérieur du tuyau.

Pour mieux préciser nos idées, supposons le tuyau partout de même diamètre et supposons aussi que la longueur de la partie comprise entre le dessous du piston, avant qu'il n'ait commencé à descendre, soit de 10^m, longueur au-dessous de laquelle, en pratique, on doit toujours avoir soin de se tenir et que la capacité de cette même partie soit de 100 litres. Si le piston descend de 0^m,50, la capacité du tuyau diminuera d'un vingtième et, sur les 100 litres d'air que contenait le tuyau, 5 litres s'échapperont par le trou du piston.

Relevons actuellement le piston. Nous rendons au vide intérieur du tuyau sa capacité de 100 litres mais, comme il n'y reste que 95 litres d'air, cet air plus à l'aise se dilatera. L'action de ressort qu'il exerçait se détendra. Mais ce ressort détendu ne pourra plus faire équilibre à la pression de la colonne atmosphérique. L'air extérieur cherchera donc à pénétrer dans le tuyau par le trou du piston, mais il ne le pourra pas, car en cherchant à y passer, il fermera lui-même la soupape qui, nous le savons, ne s'ouvre que du dedans au dehors.

Les choses ne resteront pas dans cet état. Le poids de la colonne atmosphérique, le poids de l'air extérieur qui presse l'eau du puits la forcera de monter dans le tuyau dont la soupape

inférieure n'est maintenue fermée que par l'air
emprisonné dont nous venons de dire que le
ressort ne pouvait résister à la pression de
l'atmosphère. L'eau n'y montera qu'à la hauteur
nécessaire pour réduire à 95 litres la capacité
intérieure du tuyau, parce qu'alors les 95 litres
d'air qui restent dans le tuyau se trouveront
ramenés à la pression qu'ils avaient en débutant
et qui leur donnait une puissance de ressort capable de faire équilibre à l'air extérieur. Il entrera donc 5 litres d'eau dans le tuyau ou, ce
qui revient au même, l'eau s'y sera élevée
de 0ᵐ,50.

Si nous abaissons de nouveau le piston, nous
expulserons 5 autres litres d'air qui seront aussitôt remplacés par une nouvelle quantité d'eau.
En continuant de même, quand nous aurons
abaissé et relevé le piston un certain nombre de
fois, l'eau finira par remplir le tuyau et par s'é-
lever jusqu'à toucher le piston. Nous aurions pu
même nous dispenser de ce travail préliminaire
en soulevant avec notre main la soupape supérieure et en faisant couler par le trou qu'elle
recouvre assez d'eau pour remplir le tuyau et
en expulser tout l'air. C'est ce qu'on appelle
allumer ou *amorcer* la pompe, car le lecteur a
bien deviné que la machine que nous décrivons
et dont nous expliquons le jeu est une *pompe* et
une pompe de l'espèce qu'avec raison on nomme
aspirante, puisqu'elle aspire, en quelque sorte,
l'eau comme nous pouvons l'aspirer nous-
mêmes avec notre bouche au moyen d'un cha-
lumeau.

Abaissons de nouveau notre piston. Il n'y a

plus d air sous lui. Il comprimera directement
l'eau dont le tuyau dans lequel il descend est
rempli. Cette eau comprimée cherchera à s'é-
chapper par quelque orifice. Celui du bas se
trouvant fermé par la soupape inférieure, elle
soulèvera celle qui garnit le trou pratiqué dans
le piston, traversera ce trou et viendra se loger
par-dessus le piston.

Si, à présent, ce piston est de nouveau élevé,
cette eau soulevée par lui débordera par dessus les parois du tuyau si elle ne trouve pas un
trou auquel s'ajuste un bec par lequel elle s'é-
coule pour servir aux usages auxquels on la des-
tine.

Mais, dans ce même temps, par-dessous le
piston que se passe-t-il? Le vide qu'en s'élevant
il laisse derrière lui est immédiatement comblé
par de nouvelle eau arrivant toujours du puits
par l'orifice inférieur du tuyau qui, ainsi, demeurera toujours plein. S'il en était autrement,
si l'eau ne montait pas dans le tuyau à mesure
que le piston s'élève, la colonne d'eau renfermée
dans le tuyau et ayant moins de 10 mètres de
hauteur serait seule à peser sur la soupape inférieure puisqu'au-dessus d'elle, entre elle et le
piston, il n'y aurait que le vide, c'est-à-dire rien
de pesant. Or, pour que le poids de cette colonne d'eau puisse maintenir cette soupape fermée, il faudrait qu'elle pût faire équilibre au
poids de la colonne atmosphérique dont est
chargée l'eau du puits, ce qui est impossible,
puisque, pour faire équilibre au poids de la colonne atmosphérique, il faut qu'une colonne
d'eau ait 10 mètres de hauteur.

Donc; quand le piston s'élève, il fait deux choses à la fois : il oblige à se déverser par le bec adapté à la partie supérieure du tuyau l'eau précédemment aspirée et en aspire de nouvelle. Quand il descend il n'en fait qu'une, il ne fait que forcer une partie de l'eau qui se trouve au-dessous de lui à le traverser et à venir se loger sur sa face supérieure, d'où il l'expulsera quand il recommencera à monter.

Pour compléter ce qu'il importe à tout le monde de savoir touchant les *pompes aspirantes*, notons que la partie toujours assez courte du tuyau dans laquelle le piston monte et descend, partie ordinairement en bronze, tournée ou alé-sée à l'intérieur afin de diminuer les frottements porte le nom de *corps de pompe* et que le reste du tuyau est tout simplement désigné par celui de *tuyau d'aspiration*.

Nous avons supposé, dans ce qui précède, que le piston était directement manœuvré avec la main. On conçoit que ce serait peu commode. Le plus souvent on attache sa tige à l'extrémité d'un bras de levier qui, au lieu de porter sur un simple point d'appui, est traversé par un axe ou petit essieu reposant sur des coussinets fixés eux-mêmes à des supports en bois ou en fer et dont l'autre bras, beaucoup plus long, est alter-nativement soulevé et abaissé, soit par un homme, soit par un moteur mécanique quelconque. Comme le piston, ainsi que nous venons de le dire, travaille plus en montant qu'en descendant, il est utile d'emmagasiner en quelque sorte la force qu'il n'absorbe pas en descendant pour l'employer comme auxiliaire quand, en montant,

il en exige davantage. On sait que tel est le ser-
vice que rendent les *volants*. Aussi, pour régulariser leur jeu, ajoute-t-on d'ordinaire un volant
aux pompes bien construites.

En admettant qu'un homme fasse monter et
descendre le piston d'une pompe une fois toutes
les 10 secondes, si nous nous en tenons aux
chiffres que nous avons arbitrairement posés en
commençant, il aura élevé 5 litres ou 5 kilogrammes en 10 secondes, ou 1 2 kilogramme
en une seconde à une hauteur que nous avons
supposée de 10 mètres. Mais élever 1/2 kilogramme à 10 mètres, ou 5 kilogrammes à
1 mètre, c'est exactement la même chose. L'*effet utile* que cet homme aura produit sera donc
égal à 5 kilogrammètres Il se sera fatigué néanmoins autant que s'il avait fait un ouvrage plus
considérable. Cela n'a rien d'étonnant, car,
outre le travail utile qu'il aura fait, il en aura
fait un autre qui ne l'est pas : il aura surmonté
la résistance qu'opposent les frottements du piston dans le corps de pompe, de l'eau dans le
tuyau d'aspiration, de l'essieu du levier sur ses
coussinets, etc., etc.; il aura aussi élevé sans
profit une certaine quantité d'eau qui sera re-
tombée dans le tuyau en se glissant entre la garniture toujours imparfaite et plus ou moins usée
du piston et les parois du corps de pompe. Cette
force dépensée inutilement est, dans les pompes
ordinaires, égale au huitième et quelquefois au
cinquième de la force employée, de sorte qu'on
peut dire d'une pompe qu'elle est bien construite
quand son effet utile représente les 9 dixièmes
de l'effet total obtenu.

Il existe d'autres pompes qu'on appelle *Foulantes*. Elles sont en tout semblables à celles que nous venons de décrire. Seulement le piston n'est percé d'aucun trou et ne porte aucune soupape, et le bas très court du tuyau qui fait suite au corps de pompe communique, par une ouverture garnie d'une soupape s'ouvrant du dedans au dehors, avec un long tuyau ascendant qui s'élève jusqu'au-dessus du puits au fond duquel, et de manière à plonger entièrement dans l'eau, se trouve placé le corps de pompe, au lieu d'être, comme dans les pompes aspirantes, placé au haut et en dehors du puits.

Quand le piston s'élève, il n'a point d'air à expulser et n'a besoin de produire aucune aspiration, car l'eau, en vertu de sa propre pesanteur, vient remplir l'espace qu'il laisse vide derrière lui. Pour cela, elle n'a pas besoin de monter; elle n'a qu'à garder son niveau. Quand le piston descend, il comprime cette eau ainsi entrée dans le corps de pompe et qui, ne trouvant plus, comme tout-à-l'heure, dans le piston lui-même de trou par où elle puisse passer, est forcée de s'échapper en montant dans le tuyau d'ascension placé de côté au bas du corps de pompe.

Quand ensuite le piston se relève pour laisser arriver de nouvelle eau au-dessous de lui, l'eau montée dans ce tuyau ne pourra redescendre parce qu'elle en est empêchée par la soupape placée à sa partie inférieure et qui ne s'ouvre que du dedans au dehors. Toutes les fois que le piston descend, de nouvelle eau est refoulée par lui dans le tuyau d'ascension, qui finit par se remplir de manière que l'eau qui arrive ensuite déborde et se déverse par son orifice supérieur.

Il faut remarquer que si, dans les pompes aspirantes, par la raison que nous avons exposée, l'eau ne peut s'élever au delà de 10 mètres, dans les pompes foulantes, et c'est là le seul avantage qu'elles présentent, la hauteur à laquelle elle peut s'élever n'étant déterminée que par la pression exercée sur le piston, n'a, pour ainsi dire. pas de limites. Ainsi, supposons qu'un piston dont la surface égale le centième d'un mètre carré soit comprimé et comprime par conséquent l'eau avec une force égale à celle qu'exercerait un poids de 1,000 kilogrammes, il pourrait élever de l'eau à une hauteur de cent mètres. Puisqu'un mètre cube d'eau pèse 1,000 kilogrammes une colonne d'eau de 100 mètres de hauteur qui aurait un mètre carré de base pèserait 100,000 kilogrammes. Si sa base, qui est ici la surface du piston, n'est que la centième partie d'un mètre carré, cette colonne d'eau pèsera 100 fois moins ou 1,000 kilogrammes et pourra donc être équilibrée par le poids de 1,000 kilogrammes pressant sur le piston. On pourrait, même avec une pression moitié moindre, élever l'eau à la même hauteur, et pour cela il suffirait de diminuer de moitié la surface du piston, car une colonne d'eau de 100 mètres de hauteur n'ayant pour base que la moitié d'un centième de mètre carré ne pèserait que 500 kilogrammes. Seulement, dans ce cas, à chaque coup de piston, on élèverait une quantité d'eau moitié moins considérable.

Si, au lieu d'être fort long, le tuyau d'ascension n'avait qu'un ou deux mètres et allait en s'effilant, de manière à se terminer par un orifice d'assez petit diamètre, l'eau s'élèverait à peu près à la même hauteur mais sous forme de jet. C'est de cette manière que sont construites les pompes à incendie et on sait avec quelle puissance et à quelle hauteur elles projettent de l'eau. Inutile d'ajouter, que cette puissance, elles ne la doivent qu'aux hommes qui, au moyen d'un levier, pressent fortement sur le piston.

Bien qu'ordinairement on en accouple deux ensemble, leurs jets seraient intermittents si on n'y avait remédié par un moyen bien simple. Avant de s'élancer dans l'air, l'eau fournie par les pompes est reçue dans une caisse ou récipient plein d'air, d'où elle ne peut sortir que par une ouverture suffisante à peine pour laisser passer la moitié seulement de l'eau que fournit chaque descente du piston. L'autre moitié de l'eau affluente s'accumule dans le récipient et comprime l'air dont il est rempli, et qui se trouve occuper moins d'espace. Quand le piston remonte et qu'il n'arrive plus d'eau, l'élasticité de cet air comprimé refoule à son tour l'eau restant dans le récipient et la force à sortir par l'ouverture qui avait donné passage au jet qui, de cette manière, n'est jamais interrompu.

Comme il est quelquefois incommode de placer le corps de pompe dans l'eau, au fond d'un puits, par exemple, où il serait difficile d'aller le visiter pour y faire les réparations devenues nécessaires, on a inventé une troisième espèce de pompes appelées pompes *aspirantes et foulantes*, qui participent de la nature des deux dont nous venons de parler.

Ces pompes ne diffèrent des pompes foulantes

que par leur long tuyau d'aspiration. Le corps
de pompe est bien situé en dehors du puits, mais
le piston, au lieu de n'avoir que l'épaisseur d'un
simple plateau, se compose d'un cylindre assez
long pour, lorsqu'il est au bas de sa course, toucher à l'eau du puits. Comme ce cylindre ne
remplit exactement que le haut du corps de
pompe, lequel porte une garniture en étoupe, il
laisse, entre lui et les parois du tuyau d'aspiration, un petit espace où se trouve renfermé de
l'air, dont il est facile de se débarrasser en ver-
sant dans le corps de pompe, par un trou pratiqué à sa partie supérieure et que l'on ferme
ensuite au moyen d'un robinet, un peu d'eau,
qui prend la place de cet air et l'expulse par un
autre trou qu'on a ensuite également soin de
fermer. De cette manière, le piston se trouve
plonger entièrement dans l'eau.

Cette pompe, on le voit, peut alors fonctionner
absolument comme la pompe foulante, avec cette
différence cependant que, lorsque son piston remonte, l'eau du puits n'y entre pas seulement
pour garder son niveau, mais est aspirée par le
piston, qu'elle est obligée de suivre dans son
mouvement d'ascension par l'action qu'exerce
sur elle la colonne atmosphérique pressant sur
l'eau du puits. En descendant, le piston la refoule
exactement comme il le fait dans la pompe foulante.

Les *presses hydrauliques* présentent une très
heureuse application du jeu des pompes, application qui s'éloigne un peu de la question des
moteurs à laquelle nous avons hâte de revenir,
mais dont, puisque l'occasion s'en présente,

nous ne croyons pas pouvoir nous dispenser de dire quelques mots.

Rappelons d'abord ce que nous avons dit du levier. Si ses bras sont égaux, pour qu'il y ait équilibre, il faut que les poids qu'ils supportent soient égaux. Pourquoi cela? parce que les mouvements que ces bras pourront faire seront toujours nécessairement égaux. Si les bras sont d'inégales longueurs, le poids placé à l'extrémité du plus long devra être le plus faible, et cela parce qu'en revanche son mouvement sera plus considérable que celui du plus petit bras. Si les explications que nous avons données à cet égard sont bien présentes à l'esprit du lecteur, comme le mode d'action de la presse hydraulique a avec celui du levier la plus grande analogie, il deviendra facile, même sans avoir recours à des considérations qui sont plutôt du domaine de la physique, d'en comprendre la théorie.

Une presse hydraulique se compose d'une petite pompe foulante ou aspirante et foulante dont le tuyau d'ascension, ordinairement horizontal, communique avec le fond d'un gros cylindre en fonte posé verticalement, ouvert par le haut et dans lequel se trouve un gros piston, assez épais pour remplir toute la cavité du cylindre, contre les parois duquel il s'adapte exactement au moyen d'une garniture en cuir embouti.

Pressé par l'eau qu'injecte successivement au-dessous de lui la pompe, le gros cylindre tend à se soulever, mais cela très lentement. Supposons, en effet, que sa surface soit égale au quart d'un mètre carré. Pour qu'il s'élève de $0^m,20$, par exemple, pour combler le vide qu'il laissera derrière lui, il faudra que la pompe ait refoulé dans le cylindre 50 litres d'eau. Mais, pour cela, le piston de la pompe, si sa course est aussi de $0^m,20$ et si sa surface est cent fois plus petite que celle du gros piston, aura dû s'abaisser cent fois et par conséquent avoir fait une suite de mouvements dont la somme sera cent fois plus considérable que le mouvement unique réalisé par le gros piston.

On peut comparer le petit piston au grand bras d'un levier dont l'eau serait le point d'appui et dont le gros piston serait le petit bras, et appliquer, avec une très légère modification, à cette machine la règle générale en disant que, *pour qu'il y ait équilibre, il faut que les poids dont les deux pistons sont chargés soient proportionnels à leurs surfaces ;* et, en effet, suivant le principe fondamental de la mécanique, puisque les vitesses sont en raison inverse des surfaces, puisque la vitesse du gros piston est cent fois plus petite que celle du petit piston, il doit, pour qu'il y ait compensation ou équilibre, supporter une charge cent fois plus considérable.

Si donc, au moyen du petit levier qui nous sert à manœuvrer la pompe, nous exerçons sur le petit piston, quand il s'abaisse, une pression équivalente à 100 kilogrammes, pour obtenir l'équilibre, il faudra placer sur le gros piston un poids de 10,000 kilogrammes. Ne dites pas que peu vous importe de créer l'équilibre parce que l'équilibre supposant une absence complète de mouvement, ne peut servir à rien. C'est déjà quelque chose que de faire avec votre main

équilibre à 10,000 kilogrammes, mais ne voyez-
vous pas que, lorsque l'équilibre sera établi, il
vous suffira, pour le rompre et pour soulever ce
poids énorme, du plus petit effort? Quand les
deux plateaux d'une balance sont en équilibre
un brin de paille jeté dans l'une des deux n'est-
il pas suffisant pour le faire baisser et pour élever l'autre ?

Au-dessus du gros piston, on construit ordinairement une cage fortement établie en charpente ou en fonte. Si vous placez sur la tête de
ce piston un sac rempli de graines de colza, par
exemple, ce piston en s'élevant pressera, avec
une puissance qui souvent dépasse de beaucoup
10,000 kilogrammes, ce sac contre la partie supérieure de cette cage, et cette énergique compression exprimera l'huile contenue dans les
graines et la forcera de passer à travers la toile
du sac pour couler dans une rigole où elle sera
recueillie.

C'est parce qu'elles servent ordinairement à
des usages analogues que ces machines ont reçu
le nom de *presses*. On les emploie aussi à soulever de lourds fardeaux et, comme leur puissance
est énorme, toutes les fois que, sans de coûteuses
et embarrassantes complications, les leviers, les
treuils, les moufles, etc., etc., se trouvent être
insuffisants, elles rendent à l'industrie les plus
grands services.

SIXIÈME CAUSERIE

LES MOTEURS (suite). — LA MACHINE A VAPEUR.

Nous avons parlé des forces musculaires de, la pesanteur de l'eau et de l'impulsion du vent. il est un quatrième moteur fort utilisé de nos jours, mais qui était à peine connu comme puissance mécanique il y a un siècle. C'est la chaleur.

De ce que, le plus souvent, la chaleur agit sur les machines au moyen de la vapeur ou plutôt en produisant préalablement de la vapeur, on aurait tort de prendre la vapeur elle-même pour un moteur. Un moteur est une force, et on ne peut donner ce nom à la vapeur. Elle n'est pas plus une force motrice que l'eau, et nous savons que, si l'eau fait mouvoir les machines, c'est uniquement en vertu de la pesanteur, en vertu de cette force qui attire tous les corps vers le centre de la terre. La preuve, d'ailleurs, que la vapeur n'est pas une force, c'est que, si on supprime sa chaleur, si on la refroidit, elle n'est plus susceptible d'engendrer le moindre mouvement.

La chaleur est une force qui a pour effet de *dilater* les corps, c'est-à-dire de les gonfler, de séparer les unes des autres les particules dont ils se composent, et cela au point de leur permettre de rouler librement les unes sur les autres, ce qui produit l'état liquide, ou même de se

repousser entre elles, ce qui produit l'état ga-
zeux.

Mais cette force qu'est-elle? en quoi consiste-t-
elle? nous confessons n'en rien savoir et ne connaître absolument les forces que par leurs effets.
La chaleur est une manière d'être, une manière
d'agir des êtres. J'ai chaud et je réchauffe ce
qui m'entoure comme je suis pesant, pensant,
voulant, etc., etc. Tout ce que nous pouvons
ajouter relativement aux effets de la chaleur,
c'est que la force qui produit ces effets se développe dans de certaines circonstances, dans le
frottement, dans les combinaisons chimiques.
etc., etc.

Vous savez qu'une combinaison chimique consiste dans ce fait si surprenant que deux ou plusieurs corps mis en contact disparaissent et sont
remplacés par un corps entièrement nouveau et
pesant à lui seul autant qu'eux tous ensemble.
Si vous en voulez un exemple, mettez dans le
même vase de l'huile et de la potasse, faites
chauffer et bientôt vous n'aurez plus ni potasse
ni huile, mais à leur place, vous trouverez du
savon.

La combinaison chimique à laquelle on a le
plus souvent recours pour obtenir de la chaleur,
c'est la *combustion*. Il y a combustion toutes les
fois qu'un corps se combine avec un des éléments de l'air qu'on nomme *oxygène*. Cette combinaison peut être fort lente et ne produire
qu'une chaleur insensible. C'est ce qui arrive,
par exemple, quand le fer, au simple contact
de l'air, s'*oxyde* ou se rouille. D'autres fois,
la combinaison peut être fort rapide et produire

non-seulement beaucoup de chaleur mais même
de la lumière. Le gaz hydrogène n'éclaire nos
rues que parce qu'il se combine avec cet élé-
ment de l'air que nous venons de nommer. L'esprit de vin, les huiles, les graisses, les essences,
le bois, le charbon, la houille, etc., etc. se com-
binent aussi très rapidement avec lui et produisent beaucoup de chaleur.

Dans une combinaison, les corps qui se com-
binent disparaissent, avons-nous dit, et sont
remplacés par un corps nouveau. Dans la combustion, nous voyons bien que le charbon qui
brûle disparaît, mais par quoi est-il remplacé ?
Il est remplacé par un gaz différent de l'oxygène
de l'air qui a lui-même disparu aussi bien que le
charbon. Ce gaz, qui est impropre à la combustion et qui nous asphyxierait si nous le respi-
rions, se nomme *acide carbonique*. Si nous entrons dans ces détails, qui semblent étrangers à
notre sujet, c'est pour que vous compreniez
bien combien il est nécessaire, lorsqu'au moyen
de la combustion, on veut obtenir de la chaleur,
de laisser l'air arriver librement dans le foyer et
de faciliter l'échappement du gaz acide carbonique qui, s'il restait sans issue, éteindrait bientôt
le feu.

Les particules dont les corps sont composés
s'attirent les unes les autres et tendent à rester
unies. C'est à cette attraction d'une espèce particulière, à cette force de *cohésion* que les corps
doivent leur solidité et leur forme. La chaleur
est l'ennemie naturelle de la cohésion. Elle la
combat, mais ne peut jamais entièrement la vaincre. Elle séparera les particules que la cohésion

maintient unies, mais ne parviendra à les éloigner les unes des autres qu'à des distances déterminées, que la cohésion leur interdira de dépasser, car, malgré l'opposition que lui fait la chaleur, la cohésion ne cesse point d'agir. Cela est si vrai qu'à mesure que la chaleur diminue, les particules qu'elle tenait écartées se rapprochent pour reprendre leurs distances primitives.

Plus la chaleur est grande, plus est grand cet écartement des particules. La vapeur n'est que de l'eau dont les particules sont tellement écartées les unes des autres que, lorsque la chaleur est au degré suffisant pour la faire bouillir, ses particules remplissent un espace 1,696 fois plus grand que lorsqu'elles se trouvaient à ce degré de rapprochement qui constitue l'état liquide. Si la chaleur augmente encore, si elle devient une fois et demie plus intense, un mètre cube d'eau se convertira en 8,480 et en près de 40,000 mètres cubes de vapeur si cette intensité vient seulement à doubler.

La force d'écartement ou d'expansion que produit la chaleur est fort grande. Pour y faire obstacle, pour empêcher, par exemple, la vapeur à la température de l'eau bouillante d'occuper un espace 1,696 fois plus grand que celui qu'occupait l'eau d'où elle provient, il faut une force égale à celle qui fait équilibre à la pression atmosphérique, que nous savons être de 10 000 kilogrammes par mètre carré. Pour vous en convaincre, prenez un cylindre en fonte fermé par un de ses bouts, placez le verticalement sur un foyer, introduisez-y de l'eau et sur cette eau faites descendre un piston équilibré de manière

à ce que son poids puisse être considéré comme
nul. Tant que l'eau n'aura pas atteint le degré
de chaleur auquel elle commence ordinairement
à bouillir, la vapeur qui se formera ne pourra
soulever ce piston, sur lequel pèse la colonne atmosphérique, mais aussitôt que ce degré de
chaleur aura été atteint, elle le soulèvera sans
peine.

Quoi qu'en disent les Anglais, Papin fut certainement le premier qui eut une idée bien nette
de la puissance de la vapeur et de la possibilité
d'en tirer parti pour mettre en mouvement des
machines. Avant lui, le Français Salomon de Caus,
l'Italien Giovanni Branca et, en Angleterre, le
marquis de Worcester, s'étaient occupés, il est
vrai, des propriétés expansives de la vapeur,
mais, à leur époque, la science n'était pas assez
avancée pour qu'ils pussent faire autre chose
que de soupçonner vaguement que la chaleur
aussi pouvait devenir un puissant agent mécanique. Ils s'en occupèrent plutôt comme d'une
chose curieuse que comme d'une chose utile, et
les appareils qu'ils imaginèrent ou qu'on leur at-
tribue n'ont rien de ce qui constitue de véritables
machines.

Ceux inventés par Papin étaient très impar-
faits sans doute, mais ils renfermaient le germe
des applications industrielles qui se sont pro-
duites après lui, et on y retrouve plusieurs détails de construction qui, encore aujourd'hui,
sont conservés dans nos machines les plus par-
faites, *la soupape de sûreté*, par exemple, dont
on nous reprocherait de ne pas dire quelques
mots.

Papin avait découvert que la vapeur à une haute température avait la propriété de dissoudre les ossements des animaux, ce qui permettait d'en extraire la gélatine, soit pour en faire du bouillon, soit pour l'utiliser sous forme de colle. Pour cela, il mettait des os de bœuf ou de mouton dans une marmite en fonte à moitié remplie d'eau et qu'il fermait hermétiquement. Plusieurs fois la force expansive de la vapeur qui se formait fit voler cette marmite en éclats. Pour se mettre à l'abri de ces accidents, Papin perçait d'un trou le couvercle, et, sur ce trou, plaçait un petit disque, un petit plateau rond de métal d'un poids tel que la vapeur, lorsque sa force était arrivée à un certain degré, pût le soulever et s'échapper par le trou qu'il fermait. Lorsqu'il s'en était ainsi échappé une partie, sa force expansive nécessairement se trouvait diminuée ; elle n'était plus capable de soutenir le poids du disque ou de la soupape qui retombait et lui fermait toute issue.

Une longue suite d'expériences nous permet, aujourd'hui, de savoir à peu près exactement à quelle pression peut résister la tôle avec laquelle sont faites les chaudières destinées à produire de la vapeur. Si cette tôle peut résister à une pression de 4 atmosphères, par exemple, pourvu que la vapeur ne produise sur cette tôle pas plus des trois quarts de cette pression, aucun accident n'est à craindre. Pour s'assurer qu'il en est ainsi, il suffit de pratiquer une petite ouverture dans la partie supérieure de la chaudière et de fermer cette ouverture avec une soupape assez lourde pour ne s'ouvrir que lorsque la vapeur a acquis le degré de *ten-sion* qu'on ne veut pas dépasser.

Disons, en passant, que ce mot *tension*, que nous venons de souligner et dont on fait un fréquent usage, vient de ce qu'on compare l'action de la vapeur à celle d'un ressort *tendu* qui presse contre un corps résistant. Cette comparaison est juste, et le mot est bien choisi, ce qui ne nous empêchera pas de continuer à employer quelquefois l'expression de force expansive de la vapeur, tout en rappelant que la vapeur par elle-même n'est pas une force, et que ses propriétés mécaniques, elle les doit exclusivement à la chaleur.

Très peu de temps après que Papin eut publié ses premières inventions, Savery, un capitaine de la marine marchande anglaise, sachant que la vapeur, quand elle est refroidie, reprend la forme d'eau et n'occupe plus qu'un très petit espace relativement à celui qu'elle occupait. imagina, par d'autres moyens que ceux employés par le physicien français, de mettre à profit cette observation pour produire, dans un tuyau, un vide analogue à celui que produisent les pompes aspirantes, et pour élever de l'eau à une certaine hauteur.

Nous allons essayer de vous donner une idée de cette première ébauche des machines à vapeur, qui date de 1696.

Savery envoyait de la vapeur dans un *réci-pient* ou très gros tube de tôle fermé par les deux bouts, auquel s'adaptaient deux tuyaux : l'un qui amenait de la vapeur obtenue dans une chaudière, l'autre qui communiquait avec un

tuyau vertical descendant dans un puits et garni
dans sa partie inférieure d'une soupape ouvrant
de bas en haut. Ces deux tuyaux pouvaient se
fermer ou s'ouvrir au moyen de robinets.

Pendant que la vapeur entrait dans le récipient, le robinet qui établissait leur communication entre ce récipient et le tuyau plongeant
dans le puits était fermé. Un troisième robinet
placé à la partie supérieure du récipient était
ouvert pour laisser échapper l'air qu'il pouvait
contenir et que la vapeur chassait devant elle.
Quand on jugeait que tout cet air était expulsé,
on fermait ce robinet. Aussitôt que le récipient
était plein de vapeur, on interceptait sa communication avec la chaudière, et on l'arrosait
extérieurement d'eau froide. La vapeur qu'il
contenait se *condensait*, c'est-à-dire repassait à
l'état liquide. Mais, comme cette eau ainsi formée n'occupait ainsi qu'un très petit espace,
une sorte de vide se produisait dans l'intérieur
du récipient. On ouvrait alors le robinet qui lui
permettait de communiquer avec le tuyau descendant dans le puits. L'eau contenue dans le
tuyau trouvant auprès de lui un espace vide, en
vertu de son élasticité, s'y précipitait, mais, par
cela même son élasticité diminuait de tension,
et comme, dès lors, il ne se trouvait plus capable de faire équilibre à la colonne atmosphérique pressant sur l'eau du puits, cette eau
s'élevait dans le tuyau vertical d'une certaine
hauteur, inférieure toutefois à 10 mètres, et,
une fois montée, elle ne pouvait plus redescendre, empêchée qu'elle en était par la soupape placée au bas de ce tuyau. On envoyait

alors de nouvelle vapeur dans ce même tuyau au-dessus du point où l'eau s'était arrêtée en montant. Cette vapeur passait sur cette eau et la forçait de s'élever dans un second tuyau partant du bas du premier et tout à fait analogue au tuyau d'ascension des pompes foulantes.

Cette machine, entièrement abandonnée aujourd'hui, eut, à cette époque, un grand succès et fut employée principalement à extraire de l'eau du fond des mines. Elle était fort défectueuse cependant, consommait inutilement une grande quantité de vapeur et par conséquent de combustible et, de plus, ne pouvant absolument servir qu'à élever de l'eau, se trouvait n'être susceptible que d'applications très limitées. Deux ouvriers, John Cawley, un vitrier, et Thomas Newcomen, un serrurier, la transformèrent complétement, et en firent une machine propre à tous les usages.

Leurs machines, connues sous le nom de *machines de Newcomen*, même de nos jours, ne sont pas entièrement hors d'usage, et on en retrouve encore quelques-unes dans les mines de Cornouaille, en Angleterre. Elles se composent principalement d'une chaudière envoyant sa vapeur dans le bas d'un cylindre vertical fermé dans sa partie inférieure, et dans lequel est placé un piston armé d'une forte tige. La vapeur soulève ce piston. Quand il est arrivé au terme de sa course, par un moyen mécanique dont nous ne pouvons nous occuper, un robinet se ferme et empêche de nouvelle vapeur d'affluer dans le cylindre où on injecte alors de l'eau froide. Cette eau, arrivant en forme de pluie, condense rapidement la vapeur, ce qui, nous venons de l'expliquer, a pour résultat de former un vide plus ou moins imparfait.

La pression atmosphérique qui s'exerce sur le piston et qui avait été vaincue par l'action de la vapeur, ne trouvant plus rien qui lui fasse équilibre, le piston, s'il n'était retenu, redescendrait avec une rapidité telle, qu'il se briserait ou briserait le fond du cylindre. Mais sa tige se trouve attachée à l'une des extrémités d'un *balancier* ou levier à bras égaux dont l'autre extrémité met en mouvement les pièces mécaniques destinées à produire un travail utile, des marteaux, des soufflets, des meules, etc., etc., dont la résistance fait obstacle à la trop brusque descente du piston, lequel, aussitôt qu'il est descendu, est soulevé de nouveau par la vapeur, et continue ainsi alternativement à monter et à descendre; un robinet qu'on a soin d'ouvrir de temps en temps débarrasse le cylindre de l'eau de condensation et de l'eau d'injection qui finiraient bientôt par le remplir.

On donne souvent et avec raison à ces sortes de machines le nom de *machines atmosphériques*, parce qu'en effet ce n'est pas à l'action de la vapeur, mais à la pression de l'atmosphère qu'elles doivent leur effet utile. La vapeur n'y exerce d'autre action mécanique que celle de soulever le piston, et, pendant qu'il s'élève, aucun travail utile ne peut être exécuté, car toute la force dont la vapeur est l'agent est employée à le soulever. Cette machine ne travaille réellement que lorsque, pressé par le poids de l'atmosphère, le piston redescend. C'est à cause de cela, et

pour éviter ces alternatives, ces interruptions
dans le travail effectué que souvent on emploie
deux cylindres et deux pistons, dont l'un descend
pendant que l'autre monte.

Le grand défaut de cette machine, défaut qui
lui est commun avec celle de Savery, c'est le refroidissement du cylindre, à l'intérieur duquel,
à chaque coup de piston, est injectée une certaine quantité d'eau froide, la vapeur en arrivant
dans le cylindre dont les parois sont ainsi refroi-
dies, se refroidit elle-même, perd la plus grande
partie de sa force, de telle sorte qu'il en faut le
double ou le triple de ce qu'il serait nécessaire
pour soulever le piston.

Il était réservé au célèbre James Watt, fabri-
cant d'instruments de mathématiques, presqu'un
ouvrier, né en 1735 mort en 1819, de découvrir le moyen de remédier à un défaut aussi ca-
pital et qui, en raison de leur consommation
excessive de combustible, aurait fait toujours
considérer les machines à vapeur comme des
machines très imparfaites. Ce moyen était simple comme tout ce qu'invente le génie : il con-
sistait à opérer la condensation de la vapeur dans
un vase ou récipient séparé du cylindre.

En conséquence, Watt ajouta à la partie inférieure du cylindre de Newcomen un tuyau aboutissant à un autre cylindre sans piston et fermé des
deux bouts qu'il nomma *condenseur*. Ce condenseur était placé lui-même dans une cuve remplie
d'eau froide, qu'on renouvelait à mesure qu'elle
s'échauffait et, au besoin, d'autre eau froide pouvait être injectée dans son intérieur. Lorsque le
piston était arrivé au bout de sa course, le jeu

de la machine ouvrait lui-même le robinet qui, jusque-là, tenait fermée la communication entre le cylindre et le condenseur. La vapeur pressée par le piston qui, sous la pression de l'atmosphère, tendait à descendre, se précipitait dans le condenseur, où elle se refroidissait rapidement et se convertissait en eau.

Watt fit encore à la machine atmosphérique une foule d'améliorations de détail, qui presque toutes ont été conservées dans nos machines modernes. Ainsi, au lieu d'avoir à ouvrir et à fermer un robinet pour purger le condenseur de l'air et de l'eau qui s'y accumulaient, il chargea de ce soin une pompe spéciale, mise en mouvement par la machine elle-même et que l'on désigne aujourd'hui sous le nom de *pompe à air*. L'extrémité du balancier à laquelle était reliée la tige du piston décrivait un arc de cercle, comme le font les extrémités ou les côtés de tout corps qui oscille, pendant que cette tige devait simplement exécuter un mouvement en ligne droite de bas en haut et de haut en bas. Il s'ensuivait des tiraillements auxquels Watt mit fin par de très ingénieux assemblages. Souvent, dans l'industrie, il est nécessaire de convertir le mouvement de va-et-vient du piston, en un mouvement de rotation. On n'y parvenait qu'au moyen d'appareils très compliqués, donnant lieu à de nombreux frottements. Watt en inventa de fort simples, qui supprimèrent une foule de causes de détérioration qui rendait très onéreux l'entretien des nouvelles machines.

Son principal but était d'arriver à de plus grandes économies de combustible. Il l'avait atteint en

partie par l'invention du condenseur, mais il ne
tarda pas à s'apercevoir que, même après avoir
enveloppé de bois le cylindre pour mieux lui
conserver sa chaleur, il se refroidissait cependant d'une manière assez sensible. Cela tenait à
ce qu'étant ouvert par le haut afin de permettre
à l'air atmosphérique de presser sur le piston,
cet air, qui, lorsque le piston descendait, remplissait la partie supérieure du cylindre, lui enlevait une grande partie de sa chaleur.

Pour y remédier, Watt comprit qu'il n'y avait
qu'un moyen : c'était celui de supprimer entièrement l'action de la pesanteur de l'air. Dans ce
but, il ferma complétement le dessus du cylindre
par un plateau en fonte, solidement boulonné et
percé seulement au centre pour laisser passer la
tige du piston. Afin que la vapeur ne s'échappât
point entre la surface de cette tige et les bords
du trou par lequel elle passait, il imagina plusieurs moyens qui, plus tard, ont été remplacés
par la *boîte à étoupes*. Au haut du cylindre, il fit
arriver deux tuyaux qui, de même que ceux existant déjà à sa partie inférieure, le faisaient communiquer l'un avec la chaudière, l'autre avec le
condenseur.

La vapeur arrivait d'abord sous le piston et le
soulevait. En montant, le piston chassait dans le
condenseur la vapeur qui pouvait se trouver au-
dessus de lui. Quand il était arrivé au haut de sa
course, le tuyau qui avait amené jusque-là de
la vapeur se fermait, et celui qui faisait communiquer le bas du cylindre avec le condenseur
s'ouvrait en même temps. L'effet contraire se
produisait dans les robinets adoptés aux deux

tuyaux aboutissant au haut du cylindre. La vapeur arrivait par-dessus le piston et le forçait à descendre, en chassant la vapeur restant au-dessous de lui dans le condenseur, où le refroidissement occasionnait un vide aussi complet que possible, et d'où la pompe à air expulsait les produits de la condensation. Le piston travaillait donc aussi bien en montant qu'en descendant, ce qui, nous l'avons vu, n'avait pas lieu dans les machines de Newcomen, même perfectionnées.

Alors seulement, la machine à vapeur fut inventée, car, jusque-là, la véritable force motrice directement utilisée, ce n'était pas la vapeur, c'était la pesanteur de l'air. On avait des machines atmosphériques, on n'avait pas de machines à vapeur. Celles que construisit Watt, connues sous le nom de *machines à double effet et à condensation*, n'ont reçu, après lui, que de simples améliorations de détails, et ce sont celles dont on fait encore usage dans la marine et dans une foule de grandes industries.

C'est encore à ce grand homme qu'est due la découverte de ce qu'on nomme la *détente*. Après une foule d'expériences, il reconnut que la vapeur, lorsqu'elle avait fini de faire monter ou descendre le piston, n'avait pas épuisé tout ce qu'elle avait de force. La conséquence en était qu'il y aurait économie, après que la vapeur avait soulevé ou abaissé le piston, à l'envoyer dans un second cylindre où elle mettrait un second piston en mouvement. Mais c'était là une complication inutile. Il était plus simple, lorsque le piston était à moitié, aux deux tiers ou aux trois quarts de sa course, d'arrêter l'introduction de la vapeur dans le cylindre. Celle qui s'y trouvait déjà suffisait, par son expansion, à pousser le piston jusqu'au point où il devait aller.

Watt ne tira pas de cette heureuse idée tout le parti possible, mais elle a été reprise après lui, et, actuellement, presque toutes les bonnes machines marchent avec détente, c'est-à-dire ne reçoivent de la vapeur que pendant une partie seulement de la course du piston.

Les machines construites dans le système de Watt, tout admirables qu'elles sont, présentent cependant, dans quelques circonstances, un inconvénient qu'il avait reconnu lui-même. Elles prennent beaucoup de place et exigent, pour la condensation, plus d'eau que souvent on ne peut s'en procurer. Il était facile d'y remédier : il n'y avait qu'à supprimer la condensation et qu'à lâcher directement dans l'air la vapeur après qu'elle avait fini d'élever ou d'abaisser le piston.

Mais cela offrait un désavantage. Dans le condenseur, la vapeur ne rencontrant que le vide, aucun obstacle ne s'opposait à sa sortie du cylindre. Dès qu'on la faisait se dégager dans l'air, il n'en était plus de même. La pression atmosphérique était une résistance à vaincre, un obstacle qui s'opposait aux mouvements du piston et par conséquent une cause de déperdition de force.

Du temps de Watt, on n'employait guère la vapeur qu'à *basse pression*, c'est-à-dire à deux ou trois atmosphères, ou, si on veut, à un état d'expansion capable seulement de soulever un poids deux ou trois fois plus considérable que celui de la colonne atmosphérique. Si donc on avait à vaincre la résistance qu'opposait le poids de l'atmosphère, on sacrifiait inutilement la moitié ou le tiers de la force de la machine. Trevithick, en Angleterre et Olivier Evans en Amérique, conçurent l'audacieuse pensée d'employer de la vapeur à *haute pression*, à 10 et même à 12 atmosphères. On s'en effraya d'abord, parce qu'on crut qu'il en résulterait de nombreux accidents. Mais on reconnut bientôt qu'avec les précautions convenables et le soin de n'employer dans la construction des chaudières que des tôles d'une résistance suffisante, la vapeur à haute pression n'offrait pas plus de danger qu'aux pressions les plus basses. Les inconvénients résultant de l'absence de condensation se trouvèrent dès lors fort affaiblis car, en se condamnant à vaincre la résistance de l'atmosphère, on ne sacrifiait plus la moitié ou le tiers, mais seulement le dixième ou le douzième de la force dont on disposait.

Les machines à haute pression sans condenseur, en raison du peu de place qu'elles occupent, du peu d'eau qu'elles consomment et de leur bas prix, sont, aujourd'hui, fort employées partout où le prix du combustible n'est pas trop élevé, car le seul reproche qu'on puisse leur faire est celui de consommer, précisément à cause de cette perte du dixième ou du douzième de la force obtenue, une quantité de charbon plus considérable que celle consommée par les machines de Watt. Sans les machines à haute pression, d'ailleurs, les chemins de fer étaient impossibles, car on sent de quel embarras seraient sur les locomotives des appareils de condensation et les réservoirs d'eau qui en sont inséparables.

———

SEPTIÈME CAUSERIE

LES MACHINES A VAPEUR

(*Suite.*)

Nous avons, aussi clairement que cela nous a été possible, expliqué le jeu des machines à vapeur. Nous allons actuellement décrire leurs principales parties.

La première de ces parties, c'est la chaudière, appelée aussi *générateur* de vapeur. La forme des chaudières a beaucoup varié. Aujourd'hui, on ne fait plus usage que des *chaudières cylindriques* et que des *chaudières tubulaires*.

Les chaudières cylindriques sont de longs et gros tubes en forte tôle fermés à leurs extrémités par des calottes de même matière dont l'une porte une ouverture appelée *trou d'homme*, hermétiquement fermée pendant le travail, mais par laquelle un homme s'introduit dans la chaudière quand il est nécessaire d'en nettoyer l'intérieur. Quelquefois la chaudière ne se compose que d'un seul tube, d'autres fois ce tube repose horizontalement sur deux autres tubes de même lon-

gueur, mais d'un plus petit diamètre, appelés
bouilleurs, auxquels il est réuni par de courts
tuyaux de communication. La flamme partant
du foyer circule par des conduits en maçonnerie,
par des *carneaux*, autour des bouilleurs d'abord,
puis autour du gros tube, dont la partie supérieure
seulement est à l'abri de son action et fait légèrement saillie au-dessus du massif du fourneau.
C'est sur cette partie extérieure de la chaudière
que sont disposés les soupapes de sûreté et les
autres appareils accessoires dont nous parlerons
tout à l'heure. Dans quelques usines, la chaudière
se compose d'un seul gros cylindre posé verticalement et enveloppé de maçonnerie, de manière toutefois qu'entre cette enveloppe et lui
reste un étroit espace dans lequel circule la
flamme.

Ce qui avait donné lieu à l'emploi des bouilleurs c'était le désir d'augmenter la *surface de
chauffe*, c'est-à-dire la surface exposée à l'action
du feu. L'expérience, en effet, avait prouvé que
la quantité de vapeur obtenue avec une quantité
donnée de combustible était, dans de certaines
limites, proportionnelle à l'étendue de cette surface.

Dans les navires, et surtout dans les locomotives, l'espace dont on dispose est si restreint
qu'il était impossible, même avec des bouilleurs,
d'obtenir une surface de chauffe suffisante. Après
bien des tâtonnements on 'y parvint cependant
par l'invention des chaudières *tubulaires* qui se
composent principalement d'un gros et court cylindre de tôle posé horizontalement et fermé à
ses deux bouts par de fortes plaques percées

d'un très grand nombre de trous ronds, dans lesquels on fait passer de petits tuyaux en cuivre
qui remplissent parfaitement les trous opposés
des deux fonds, de manière à ne laisser aucun
passage à l'eau dont le cylindre, qu'ils traversent
de bout en bout, est rempli jusqu'à une certaine
hauteur.

La flamme partant d'un foyer placé en avant
du gros cylindre n'a de passage que par les
petits tuyaux, dont elle parcourt la longueur pour
aller se perdre dans un compartiment spécial ou
boîte à fumée qui se trouve à l'arrière du cylindre et qui communique avec la cheminée. Tandis
que la surface extérieure de tous ces petits
tuyaux se trouve en contact avec l'eau, leur
surface intérieure est en contact avec la flamme
et constitue ainsi la surface de chauffe de la
chaudière. Comme ces petits tuyaux se comp-
tent par centaines, on comprend que cette surface soit très étendue. Dans les chaudières tubulaires, la flamme est environnée d'eau ; tandis
que, dans les chaudières ordinaires, c'est l'eau
qui est entourée par la flamme.

Comme nous venons de nommer les *cheminées*,
on ne nous saura pas mauvais gré, avant de
parler des pièces accessoires qui accompagnent
toujours les chaudières, de dire quelque chose
de la fonction que remplissent les cheminées et
d'expliquer pourquoi on leur donne, quand on
le peut, une hauteur bien autrement grande que
celles qu'atteignaient les fameux obélisques de
l'Egypte.

Avant que le charbon ne soit allumé sur la
grille, pourquoi n'est-il pas écrasé par le poids

de la colonne d'air qui, passant par la cheminée, vient presser sur lui ? Parce qu'il est soutenu par une colonne d'air d'égal poids agissant sur lui en passant par-dessous la grille. Voyons ce qui arrivera aussitôt que le charbon sera enflammé. Pour mieux nous en rendre compte, supposons que l'intérieur de la cheminée soit un carré ayant 0^m50 de côté, ou, ce qui est la même chose, que la section soit d'un quart de mètre carré, et que sa hauteur soit de 30 mètres. Elle renfermerait donc 7 mètres cubes et demi d'air froid, pesant ensemble environ 9 kilogrammes. Admettons que cet air, en s'échauffant, ait pris un volume dix fois plus considérable, ou, ce qui revient au même, que son volume soit devenu égal à 75 mètres cubes. Comme la cheminée n'en peut contenir que sept et demi, le surplus en sera sorti. Il n'y restera donc qu'une petite quantité d'air chaud égale en poids au dixième de la quantité d'air froid qu'elle renfermait d'abord, c'est-à-dire que 900 grammes d'air. La pression exercée sur la grille aura donc diminué de 8^k100, tandis que celle qu'exerçait au-dessous d'elle l'air extérieur sera restée la même. L'équilibre aura donc été rompu et la colonne d'air froid arrivant du dehors, étant plus pesante, traversera la grille en activant le feu, et chassera devant elle celle plus légère contenue dans la cheminée.

C'est ainsi que s'établit le *tirage*, non-seulement dans les cheminées des usines, mais dans les poëles d'appartements et dans tous les foyers possibles. Comme il importe, pour consommer le charbon de la manière la plus avantageuse,

d'avoir un tirage suffisant, et comme le tirage
dépend de la quantité d'air ou de gaz échauffés
que contient la cheminée, toutes les fois qu'on
veut obtenir beaucoup de chaleur, on a intérêt
à donner à la cheminée de très grandes dimensions. A cela, il y a cependant des limites qu'il
ne faut pas dépasser. Si la section de la cheminée était trop grande pour la quantité de gaz
qui y arrivent, il s'y introduirait de l'air froid
qui refroidirait ces gaz, et nuirait, par conséquent, au tirage. D'un autre côté, comme les
gaz produits par la combustion ne doivent pas
être très chauds quand ils arrivent dans la cheminée, puisque ce serait très inutilement perdre
de la chaleur, ils ne tardent pas, en s'élevant, à
à se refroidir. Si la cheminée continuait après le
point où ils sont presque à la température de
l'air extérieur, non-seulement cette suréléva-
tion serait inutile, mais elle serait même nui-
sible au tirage, en raison du frottement des gaz
contre la maçonnerie, frottement qui ralentirait
leur mouvement d'ascension et, par suite, l'arrivée de l'air froid sous la grille. En ne dépassant par ces limites, il est indispensable, on le
voit, de donner aux cheminées la plus grande
hauteur possible, ce qui n'empêche pas qu'on
ne doive regarder comme de peu raisonnables
tours de force les cheminées de 100 et même
de 120 mètres qu'on rencontre dans quelques-
unes de nos grandes usines.

La nécessité de passer sous les ponts et sous
la voûte des tunnels rendait impossible l'emploi
des cheminées élevées dans les locomotives. On
y a suppléé par un moyen fort ingénieux, qui

consiste à faire passer, par la très courte cheminée qu'on y adapte, la vapeur s'échappant des
cylindres, après avoir fait marcher les pistons
qui commandent les roues motrices. Cette vapeur, qui conserve encore une très grande force
d'expansion, entraîne avec elle les gaz qu'elle
rencontre et ferait le vide dans une partie de
ces cheminées, si ces gaz n'étaient pas aussitôt
remplacés par d'autres qui ne peuvent se former aussi rapidement que par suite d'un fort
tirage.

Revenons maintenant aux chaudières, ou plutôt aux appareils de sûreté dont elles doivent
toujours être pourvues.

Le premier des soins que doit prendre le
chauffeur, c'est de ne jamais laisser les chaudières manquer d'eau, car la tôle dont elles sont
faites rougirait, se ramollirait, se déchirerait et
il s'ensuivrait une de ces explosions dont les
conséquences sont souvent si funestes. Pour
prévenir ces accidents, on introduit dans la
chaudière un *flotteur*, petit appareil qui se compose d'un morceau de pierre surmonté d'une
tige passant par un trou pratiqué dans la partie
supérieure de cette même chaudière, et garni
d'une boîte à étoupe pour empêcher que la vapeur n'y trouve une issue.

La théorie du flotteur est fondée sur ce principe de physique qu'un corps plongé dans l'eau
perd en poids autant que pèse l'eau dont il
prend la place. Si donc la pierre du flotteur
pèse dans l'air 2 kilogrammes, et si son volume
est d'un millième de mètre cube, elle déplacera
un litre ou un kilogramme d'eau, et, plongée

dans ce liquide, perdra, par conséquent, 1 kilogramme de son poids. En attachant l'extrémité
de la tige du flotteur au bout du bras d'un levier
à bras égaux, à l'autre bras duquel on suspendra
un poids de 1 kilogramme, la pierre, tant qu'elle
sera dans l'eau, se trouvera en équilibre. Si
l'eau vient à baisser, elle baissera aussi, car si
elle ne le faisait pas, elle cesserait de baigner
dans l'eau et reprendrait par là son poids primitif de 2 kilogrammes, auquel le poids d'un kilogramme suspendu à l'autre bras du levier ne
pourrait plus faire équilibre.

La longueur de la tige qui se trouve hors de
la chaudière indique donc exactement la quantité d'eau que celle-ci renferme. Mais on a
poussé la prévoyance plus loin. Dans la crainte
que le chauffeur ne néglige de porter attention
aux indications que lui donne ainsi le flotteur,
on a adapté à un certain point de sa tige corres-
pondant au niveau au-dessous duquel l'eau ne
doit pas descendre, un petit cran qui, lorsque
le flotteur s'est abaissé jusqu'à cette limite,
ouvre une soupape par laquelle, aussitôt, la vapeur s'échappe en faisant entendre un son d'autant plus aigu qu'elle rencontre et fait vibrer un
timbre d'horloge placé immédiatement au-dessus
de cette soupape.

Lorsque l'eau baisse dans la chaudière, le
chauffeur y pourvoit en ouvrant un tuyau qui la
fait communiquer avec une pompe d'alimenta-
tion mise en mouvement par la machine elle-
même, et qui y refoule de nouvelle eau. Dans
ces derniers temps, on a inventé un petit appareil très curieux qui remplace avantageusement

cette pompe, mais dont nous ne pouvons donner ici la description.

Nous avons déjà parlé des soupapes de sûreté qui doivent réglementairement se trouver sur toutes les chaudières. On y joint encore un instrument appelé *manomètre*, qui a pour fonction d'indiquer le degré de tension de la vapeur dans la chaudière. Le manomètre se compose d'un tuyau recourbé, en cristal très épais, renfermant du mercure, et dont l'une des branches pénètre dans la partie supérieure de la chaudière, pendant que l'autre, fermée par en haut, se trouve placée sous les yeux du mécanicien. Plus la vapeur a de tension, plus elle repousse le mercure et tend à le faire monter dans la branche extérieure où, si cette branche était ouverte à son extrémité, il s'élèverait à une grande hauteur, à près de 7 mètres, si la machine marchait à une pression de dix atmosphères, ce qui, on le comprend, exigerait des tubes beaucoup trop longs et d'un usage impossible dans beaucoup de circonstances. Comme cette branche du manomètre est fermée par le haut, le mercure, gêné par l'air qu'elle renferme et qui lui oppose une résistance analogue à celle que lui opposerait un ressort, ne peut s'élever aussi haut. Néanmoins, la hauteur plus ou moins grande qu'il atteint suffit pour indiquer exactement le degré de tension acquis par la vapeur.

Si ce degré est plus élevé qu'il ne convient, le chauffeur ralentit le feu, et, si cela ne suffit point, ouvre un robinet et laisse échapper une partie de la vapeur contenue dans la chaudière.

S'il négligeait de prendre ces soins, la tension de la vapeur, augmentant encore, finirait par soulever la soupape de sûreté, ce qui, bientôt aperçu des surveillants, exposerait le chauffeur à une amende bien méritée, car, si, par une cause quelconque, la soupape de sûreté venait à ne pas fonctionner, une explosion serait inévitable.

Depuis quelque temps, on fait aussi usage d'un manomètre fort commode, composé d'un petit tuyau en acier, roulé en spirale, dont un bout, le bout extérieur, est fermé, et dont l'autre communique avec la chaudière. La vapeur entre dans ce tube et tend à le redresser. Ce redressement, toujours imparfait, fait varier la position de l'extrémité visible du tube, laquelle indique sur un cadran le plus ou moins de pression de la vapeur.

Comme il est impossible de conduire le feu avec une régularité absolue, à chaque instant, il se produit plus ou moins de vapeur. Si on la laissait entrer librement dans le cylindre de la machine, la vitesse du piston serait irrégulière, ce qui pourrait avoir de graves inconvénients, relativement au travail qu'on veut obtenir. Dans les locomotives, le mécanicien, suivant qu'il veut donner au convoi qu'il dirige plus ou moins de vitesse, au moyen d'une soupape ou valve d'admission qu'il manœuvre à la main, laisse entrer plus ou moins de vapeur dans les cylindres. Mais, grâce à un très ingénieux appareil inventé par Watt, les machines fixes régularisent elles-mêmes leur mouvement.

Cet appareil appelé *régulateur* se compose

d'une tige de fer verticale dont le bas porte une roue dentée horizontale qui, engrenant avec une autre roue mise en action par la machine, communique un mouvement de rotation à cette tige dont l'extrémité supérieure porte des anneaux auxquels sont accrochées deux petites tringles mobiles terminées chacune par une boule en fonte. Ces deux boules tournent en même temps que la tige à laquelle elles sont reliées par les tringles, mais la force centrifuge fait qu'elles s'écartent d'autant plus l'une de l'autre que le mouvement de rotation de l'ensemble est plus rapide. Si la machine marche trop vite, ces boules, en s'écartant davantage, ferment un peu la valve d'admission et laissent par conséquent arriver moins de vapeur dans les cylindres, ce qui diminue cette rapidité trop grande. Si, au contraire, la machine marche trop lentement, l'écartement des boules diminue, la valve s'ouvre davantage et, la vapeur affluant avec plus d'abondance, la vitesse augmente. Par ce moyen, sans que personne n'ait à s'en occuper, le mouvement de la machine devient régulier et uniforme.

Jusqu'à présent, nous avons supposé que les tuyaux d'admission et d'évacuation de la vapeur s'ouvraient et se fermaient au moyen de robinets. C'est bien ainsi qu'on opérait à l'origine; mais, depuis longtemps, les robinets sont remplacés par des *tiroirs*. On fait aboutir les deux tuyaux, communiquant avec la chaudière et les deux tuyaux communiquant avec le condenseur à quatre trous percés dans une même plaque de fonte bien polie. En face de cette plaque s'en trouve une autre de mêmes dimensions portant également quatre trous où aboutissent aussi quatre tuyaux ; savoir : deux qui permettent à la vapeur arrivant de la chaudière de pénétrer dans le cylindre, l'un au-dessus, l'autre au-dessous du piston, et deux autres s'ajustant l'un au haut, l'autre au bas du cylindre et destinés à conduire la vapeur, après qu'elle a travaillé, soit aux appareils de condensation, soit à l'orifice par lequel elle se dissipe dans l'air. Entre ces deux plaques reliées l'une à l'autre, glisse à frottement doux une troisième plaque un peu plus longue, percée de deux trous seulement, et qui est le tiroir proprement dit.

Suivant la position qu'on donne à ce tiroir, un de ses deux trous se trouve à la fois en face d'un des tuyaux venant de la chaudière et d'un de ceux conduisant la vapeur dans le cylindre. Ces deux tuyaux qui, dans la réalité, ne sont que la continuation l'un de l'autre, se trouvent ainsi ouverts. La communication entre les deux autres ayant même destination se trouve en même temps fermée par la partie pleine du tiroir. La vapeur n'arrive donc que dans l'une des deux parties du cylindre. L'autre trou du tiroir se trouve alors entre l'ouverture d'un des tuyaux venant de l'autre partie du cylindre et celle du tuyau aboutissant au condenseur ou à l'orifice d'échappement. La communication ouverte ainsi entre ces deux tuyaux, pendant qu'elle est fermée entre les deux autres tuyaux de destination semblable, permet donc à la vapeur contenue dans la partie du cylindre dans laquelle descend le piston d'en sortir. Il suffit de faire avancer ou

reculer le tiroir pour que les tuyaux fermés s'ou-
vrent et pour que les tuyaux ouverts se ferment.

Le tiroir et les deux plaques entre lesquelles
il glisse sont souvent désignés par le nom assez
impropre de *distribution*. Nous n'avons pu exposer ici que l'idée générale qui a présidé à la
construction de cette partie très délicate des machines à vapeur. De nombreuses améliorations y
ont été introduites, mais c'est toujours une plaque glissant entre deux autres qui en est l'organe
principal. Mais cette plaque, comment lui imprimer le mouvement de va-et-vient qu'elle doit
avoir pour que la distribution de la vapeur s'ef-
fectue ?

Le moyen qui semble le plus naturel serait
celui de la relier à la tige du piston qui elle-
même est animée d'un mouvement alternatif.
Mais cela ne donnerait aucun résultat, car, lorsque le piston serait arrivé au bout de sa course
et qu'il aurait poussé le tiroir dans un certain
sens, comment ferait-il pour lui imprimer un
mouvement en sens contraire, puisque lui-même
ne peut reculer qu'autant que le tiroir, en rétro-
gradant, aura forcé la vapeur, qui le pressait
dans un sens, de le presser dans l'autre ?

Pour vaincre cette difficulté, on n'a lié qu'in-
directement le jeu du tiroir à celui du piston. A
la tige du piston on a fixé une manivelle qui,
lorsque le piston a accompli un double voyage
d'aller et de retour, fait faire un tour entier à
un volant sur l'axe duquel on a placé une espèce
particulière de manivelle qu'on nomme *excen-
trique* qui, liée par une tringle au tiroir, le force,
à chaque tour complet du volant, à faire un

mouvement en avant et un mouvement en arrière. Quand le piston est au bout de sa course, à ce qu'on appelle le *point mort*, s'il agissait directement sur le tiroir, comme nous venons de le dire, la machine s'arrêterait, mais le volant qui, lui, ne peut s'arrêter brusquement, ne le permet pas. Il continue de tourner, et, en tournant, change la position du tiroir et force ainsi le piston à rétrograder.

Dans les locomotives, le volant est remplacé par les roues motrices qui, une fois en mouvement, ne peuvent s'arrêter tout à coup et obligent le tiroir, quand il a fini un de ses mouvements, à commencer immédiatement le mouvement contraire.

On sent que privés du secours que nous prêteraient des figures, nous ne pouvons entrer dans tous les détails de construction des machines à vapeur. Ce que nous en avons dit suffira, nous l'espérons, pour en donner une idée suffisante. Par la même raison, nous ne dirons rien des machines appropriées aux divers genres d'industrie telles que les moulins, les papeteries, les filatures, les marteaux de forges, etc., etc., que les machines à vapeur font mouvoir. Pour ce qui les concerne, nous ne pouvons que renvoyer le lecteur aux ouvrages spéciaux qui en donnent des descriptions détaillées.

Disons cependant, avant de finir, quelques mots sur la manière de calculer la force des machines à vapeur. Voici, par exemple, une machine à condensation. Nous savons que la surface de son piston est d'un demi-mètre carré, que sa course est de 0^{m}90, et qu'il l'accomplit en 4 secondes. Nous savons de plus, par l'inspection des manomètres, que la vapeur dans la chaudière est à 5 atmosphères, et que l'air et la vapeur qui restent dans le condenseur, où il en reste toujours, quelque précaution qu'on prenne, ont une tension capable de faire équilibre à un cinquième d'atmosphère.

La puissance de cette machine, la pression que la vapeur exerce sur son piston est donc égale à celle qu'exercerait 4 fois et 4 cinquièmes de fois la colonne atmosphérique. La surface du piston étant d'un demi-mètre carré, la colonne atmosphérique agirait sur elle comme le ferait un poids de 5,000 kilogrammes. L'action de la vapeur sur cette surface sera donc égale à 5,000 kilogrammes multipliés par 4 et 4 cinquièmes, c'est-à-dire 24,000 kilogrammes. Mais la puissance n'est qu'un des éléments de la force. Pour connaître la force, il faut encore connaître la vitesse du mouvement qu'elle engendre. Cette vitesse est celle du piston, 0^m80 en 4 secondes ou, ce qui revient au même, 0^m20 en une seconde. La force de cette machine sera donc égale à celle qu'il faudrait pour soulever 24,000 kilogrammes à 0^m20 ou, ce qui est la même chose, 4,800 kilogrammes à un mètre en une seconde. En divisant ce dernier nombre par 75, nous trouvons que cette machine est de la force de 64 chevaux.

Mais ce n'est là que sa force *théorique*, et, à raison des frottements à vaincre, des pertes de vapeur, du refroidissement qu'elle éprouve dans les tuyaux et dans le cylindre, et de mille autres causes encore, elle est bien loin de pouvoir produire l'effet utile qu'on se croyait en droit d'en attendre. Il est rare que, dans les machines à vapeur, l'effet utile obtenu soit supérieur à la moitié de la force dépensée, et si, dans les conditions ordinaires, pour calculer la force de cette machine dont nous venons de parler, nous avions pris pour base le travail utile qu'elle fournit, nous ne lui aurions probablement attribué qu'une *force effective* de 30 chevaux. Quand on parle de la force d'une machine à vapeur, il est donc indispensable d'expliquer si c'est de sa force effective ou de sa force théorique qu'on entend parler.

Quant à la consommation en combustible des machines à vapeur, on sent qu'elle doit être très variable, qu'elle dépend du système adopté dans leur construction ; car les locomotives consomment plus que les machines fixes à haute pression, à détente sans condensation, lesquelles, à leur tour, dépensent plus que celles à condensation et à détente, qu'elle doit dépendre aussi de leur état d'entretien, de la qualité du combustible, etc., etc. De 3 à 7 kilogrammes de charbon par cheval et par heure sont les limites ordinaires entre lesquelles leur consommation varie.

Avant de quitter les machines à vapeur, disons un mot de leur application à la navigation.

La première idée de les employer à mettre en mouvement des navires appartient incontestablement à un Français, le marquis de Jouffroy, qui, en 1781, c'est-à-dire à une époque où Watt n'avait pas encore mis la dernière main aux travaux qui ont immortalisé son nom, fit naviguer au moyen de la vapeur un bateau sur la Saône devant Lyon. Ce n'était là certainement qu'une ébauche assez informe, mais enfin le premier pas était fait ; le premier signal était donné.

Ce signal, les Anglais ne tardèrent pas à le suivre. Huit ans plus tard, un Écossais, Miller, construisit un bateau qui, après quelques voyages sur la Clyde, se hasarda en pleine mer. Tous ces essais cependant furent successivement **abandonnés** jusqu'à ce qu'un Américain, Fulton, y apportât, à Paris même, des perfectionnements qui, peu compris du gouvernement français de cette époque, reçurent de celui des États-Unis des encouragements qui permirent à leur auteur de construire à New-York, en 1807, un véritable bâtiment à vapeur, dont une machine sortie des ateliers de Watt, mettait les roues en mouvement. A compter de ce moment, la navigation à vapeur fut créée, et on sait combien, depuis lors, les développements en ont été rapides.

De nouvelles machines ayant la plus grande analogie quant à leurs détails de construction avec les machines à vapeur, viennent, depuis peu de temps, de recevoir d'assez nombreuses applications industrielles. Nous voulons parler des machines à air dilaté, appelées aussi *machines Lenoir*, du nom de leur inventeur.

Dans le cylindre de ces machines, au lieu de vapeur, on introduit de l'air et du gaz d'éclairage. Au moyen d'une étincelle électrique on enflamme ce gaz. La chaleur que produit la combustion fait que l'air qui se trouve autour de lui se dilate, et cet air, en se dilatant, en augmentant de volume, presse sur le piston absolument comme le ferait de la vapeur.

Ces machines fort simples, fort légères, fort

économiques, ne peuvent occasionner d'accidents. Elles fonctionnent avec une extrême régularité, et il est facile de s'en convaincre en
examinant celles qui, aujourd'hui, dans la construction de tous les édifices de quelque importance, servent à élever les matériaux. Il est
possible que, dans celles de fortes dimensions,
que dans celles au dessus de 10 chevaux, la trop
grande quantité de gaz qu'à chaque coup de
piston il faudrait enflammer, produise une chaleur capable de détériorer, à la fois, le piston et
le cylindre. Cela n'empêche pas que la nouvelle
invention n'ait, à nos yeux, la plus extrême importance.

Nous avions les machines de la grande industrie, les machines à la portée seulement du ri-
che manufacturier. Grâce à l'emploi de l'air dilaté, nous avons, aujourd'hui, des machines qui
deviendront pour les plus modestes ouvriers
comme autant de serviteurs aussi obéissants
qu'infatigables. Le pauvre aussi aura ses domestiques, non pour le luxe, mais pour le travail.

Forcé d'habiter au sixième étage, un ouvrier
ne peut y construire un fourneau et y établir
une chaudière. Si on le lui permettait, lors même
qu'il pourrait suffire à la dépense qu'entraîne
une semblable installation, il n'userait pas de
cette permission. Il n'a pas besoin, en effet,
toute la journée, du secours d'une machine, et
cependant, pour avoir à sa disposition de la vapeur dans les moments où il pourra l'utiliser, il
serait contraint d'entretenir constamment, et à
pure perte, du feu sous sa chaudière. A chaque
instant, il devrait se déranger de son travail

pour alimenter ce feu, pour veiller aux indications du flotteur et du manomètre, pour aller chercher de l'eau, etc., etc.

La nouvelle machine, au contraire, peut être établie partout. Plus de feu, plus de chaudières. Elle fonctionne et s'arrête à l'instant où on le désire. Plus de dépense inutile, car on n'a à payer que le gaz qu'elle consomme, et dont la quantité est en proportion des services qu'elle rend.

Ce qui nous séduit le plus néanmoins dans ces petites machines de la force d'un cheval, d'un demi ou d'un quart de cheval, ce ne sont pas les avantages économiques qu'elles présentent. Qu'on prenne cela pour un paradoxe si on le veut, c'est l'œuvre de moralisation à laquelle elles peuvent concourir. Dans notre conviction, les machines en général, ces machines que l'ignorance redoute et contre lesquelles la routine conspire, sont les véritables rédempteurs du prolétariat.

Entre un prolétaire et un bourgeois où est la différence? La différence est que l'un a eu le loisir d'étudier, et que l'autre, forcé de gagner son pain de chaque jour, n'a pas eu, depuis qu'il a quitté les écoles publiques, une minute à donner à la culture de son intelligence. Nous ne demandons pas que l'ouvrier quitte son travail pour aller suivre les cours des Facultés ou pour assister aux séances des Académies. Mais nous voudrions qu'étant arrivé à l âge mûr, il pût, au moins, ne pas oublier ce qu'il a appris étant enfant. Le peut-il lorsqu'il est condamné au plus abrutissant labeur?

L'ébéniste qui médite sur la forme qu'il donnera à un meuble, qui en calcule les proportions, qui en dessine les ornements, pense, réfléchit, raisonne. Il se sent autre chose qu'un
outil, qu'une machine; il se sent homme et fier
de ce titre; il rougirait de le déshonorer par une
action honteuse. Mais en est-il de même de ce
malheureux qui, à côté de lui, rabote une planche, et ne fera autre chose que de raboter des
planches jusqu'à la fin de ses jours?

Grâce aux progrès de la Mécanique, bientôt on
ne rabotera plus de planches, on ne fera plus, du
matin au soir, des têtes d'épingles; on ne verra
plus d'hommes attelés, comme des bêtes de
somme, à de lourds bateaux ou condamnés à
tourner, tout le jour, une manivelle comme l'es-
clave antique tournait la meule pour écraser le
grain dont se nourrissaient ses maîtres. Tout ce
que les machines peuvent aussi bien faire que
l'homme et souvent mieux que lui, qu'elles le
fassent, et que, racheté par elles de la dégrada-
tion à laquelle conduit fatalement l'automatisme,
l'ouvrier n'ayant plus à exécuter que des travaux
qui exigent de l'intelligence et qui, par cela
même, la développent, arrive ainsi à mieux
comprendre et ses droits, et ses devoirs.

Quelques centaines de malheureux copiaient
machinalement les rares manuscrits que des éru-
dits voulaient bien leur confier. Ils travaillaient
machinalement; des machines ont pris leur place, et cent mille typographes, relieurs, pape-
tiers, etc., etc., ont trouvé à occuper, à la fois,
leurs bras et leur pensée. On prétend que, depuis l'invention des chemins de fer, il y a moins

de charretiers et de palefreniers : c'est possible, mais nous avons plus d'ajusteurs. plus de mécaniciens, et les écoles d'Angers, d'Aix et de Châlons ne suffisent plus à former le nombre toujours croissant de sous-officiers que réclame la grande armée du travail.

Certes, pour notre compte, si nous n'avions vu dans ce petit livre qu'un moyen d'enseigner aux désœuvrés pourquoi un moulin tourne ou pourquoi un ballon s'envole, nous eussions laissé à d'autres le soin de l'écrire. Si, quelque ingrate que soit la tâche que nous nous sommes imposée, nous y avons travaillé avec amour, c'est que, dans les progrès de la mécanique, dans la substitution des forces physiques aux forces purement musculaires, nous entrevoyons, pour les classes laborieuses, un des plus puissants moyens d'émancipation morale.

TABLE DES MATIÈRES

PARTIE THÉORIQUE

PARTIE PRATIQUE

A NOS LECTEURS

Après ce trente-sixième volume, nous préparons les ouvrages suivants :

Précis de la Révolution française, par M. H. CARNOT, ancien ministre de l'instruction publique;

L'*Industrie primitive,* par M. le professeur JOLY, de Toulouse ;

Les Végétaux, par M. HÉNON, député du Rhône au Corps législatif;

Histoire de la Marine française, par M. ALFRED DONEAUD, professeur à l'Ecole navale de Brest;

Philosophie zoologique, par M. VICTOR MEUNIER ;

Les Moteurs de l'industrie moderne, par M. OR-
TOLAN, professeur à l'Ecole navale de Brest ;

Histoire des Gaulois, par MM. HENRI MARTIN et
HÉDOUIN ;

Richelieu et Mazarin, par M. de RONCHAUD ;

Colbert et Turgot, par M. GUÉMIED ;

Un troisième volume de M. BASTIDE, ancien ministre de la République, sur *les Guerres de
religion en France.*

Indépendamment de ces ouvrages en prépa-
ration, nous comptons au nombre de nos colla-
borateurs futurs : MM. L. Havin, Jourdan, La
Bédollière et Taxile Delord, du *Siècle ;* Louis
Ulbach, Bordillon, Jules Barni, de Bay, du Bou-
zet, Amable Lemaître, George Sand, Emmanuel
Arago, Babaud-Laribière, F. Favre, Antide Martin, Emile Jay, Arnaud (de l'Ariége), Maxime
Ducamp, Garnier Pagès. Carnot fils, Hérold,
Benjamin Gastineau, Octave Giraud, Henri Gri-
gnan, Aimé Paris, Richard (du Cantal), Jules
Simon, Daniel Stern, E. Charton, Vacherot, Hu-
bert Valleroux, Ubicini. Et cette liste s'augmen-
tera encore, nous en sommes certain, d'un grand

nombre de noms illustres dans l'enseignement, chacun tenant à honneur de contribuer pour sa part à cette œuvre essentiellement démocratique et civilisatrice.

H. I..

Pour connaître le catalogue des ouvrages déjà publiés, il suffit de consulter le verso de la couverture du présent volume.

Nos anciens souscripteurs, qui ont cessé de recevoir les volumes parus à partir du trente-troisième, sont invités à prendre les nouveaux chez les libraires de leur localité, afin d'en activer la propagation dans toute la France.

Les volumes de la *Bibliothèque utile* sont toujours envoyés francs de port dans toute la France, sans augmentation de prix, c'est-à-dire pour soixante centimes adressés en timbres-poste au bureau de la publication, rue Coq-Héron, 5, et par lettre affranchie.

—

Le tome XVII : *Notions d'astronomie*, par E. Catalan, est en réimpression et sera remis en vente vers la fin de décembre 1864.

—

L'apparition des nouveaux volumes est toujours annoncée dans *le Siècle*, *l'Opinion nationale*, *le Temps* et *la Presse*.

—

Toute demande de collection entière faite pour la formation d'une bibliothèque communale ou d'association comportera une remise de dix pour cent.

Paris. — Imprimerie DUBUISSON et Cᵉ rue Coq-Héron, 5.

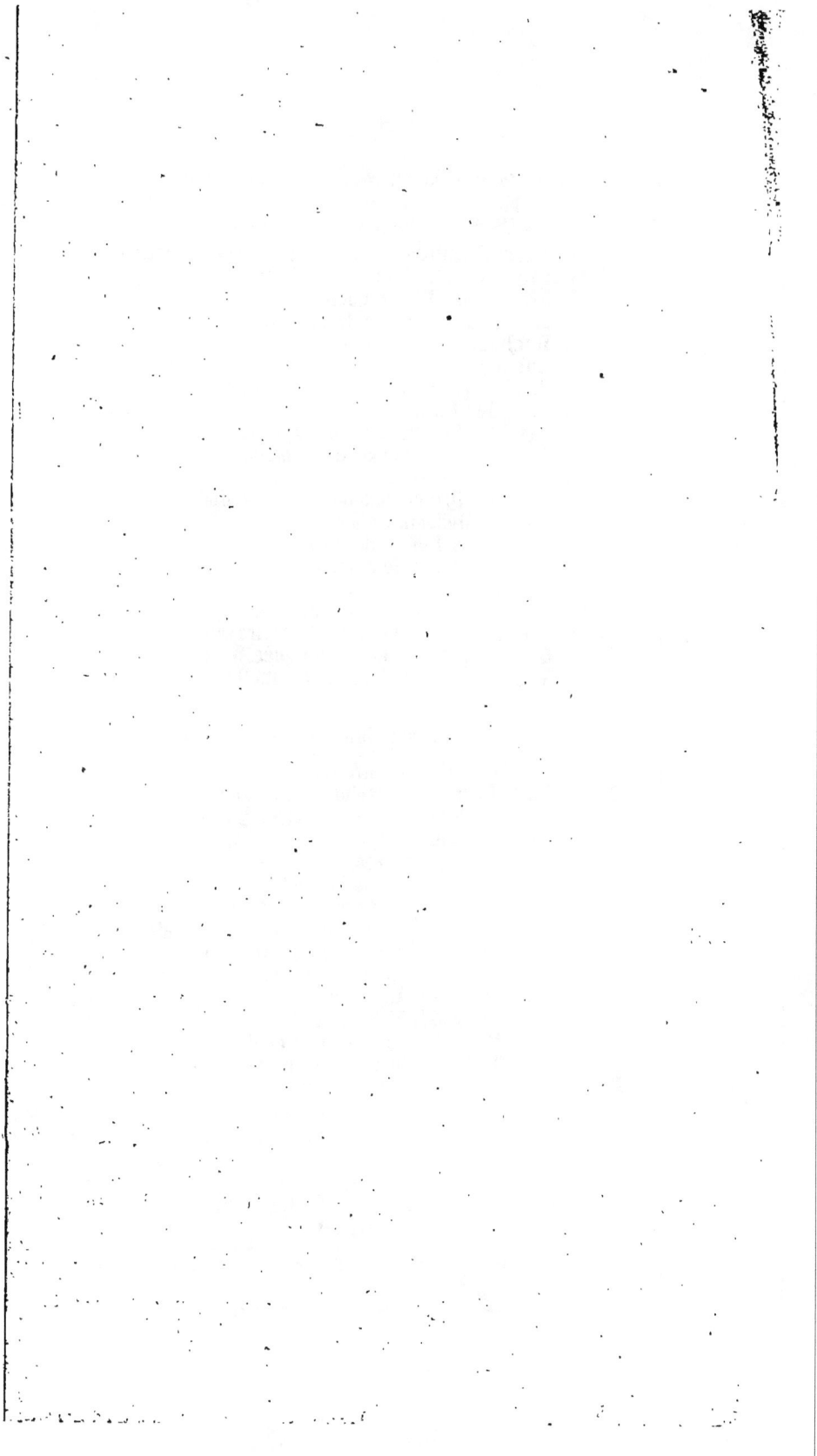

La *Bibliothèque utile*, consacrée à la vulgarisation des connaissances les plus indispensables à l'homme et au citoyen, a publié, en 1859 et 1860, les vingt ouvrages suivants :

Volumes publiés de 1861 à 1864 :

En préparation, divers ouvrages de MM. Carnot, Henri Martin et Hédouin, Daniel Stern, de Ronchaud, Guémied, Hérold, Hénon, Charles Richard, Victor Meunier, George Sand, Garnier Pagès, Jules Simon, Vacherot, E. Charton, E. Jay, L. Ulbach, Emm. Arago, Jules Barni, Ortolan.

Paris. — Imprimerie de Dubuisson et C⁹, rue Coq-Héron, 5.

www.ingramcontent.com/pod-product-compliance
Lightning Source LLC
Chambersburg PA
CBHW070536200326
41519CB00013B/3057